U0630930

◎谭 [illegible]

建筑设计原理与技术探究

中国水利水电出版社
www.waterpub.com.cn
·北京·

内 容 提 要

建筑是人们日常生活和进行社会活动必不可少的空间载体，建筑的设计与建造不仅构成了城市规划与建设的重要环节，也是一项融合了政策性、艺术性以及技术性等综合性特征与要素的工作。本书以建筑设计原理与技术基础理论为基础，探索古今中外建筑设计发展历史，进而综合分析建筑设计的实际操作理论、建筑设计的创意表达。同时分别对居住建筑、餐饮建筑、绿色建筑以及高层建筑的设计要素进行探究，通过研究，力求使建筑设计在功能与经济合理、工程技术与物质条件允许的情况下，创造出人们喜闻乐见的形式。本书内容阐述严谨，思路清晰，可供建筑专业的学生和从事建筑设计的工作者参考使用。

图书在版编目(CIP)数据

建筑设计原理与技术探究 / 谭征著. -- 北京 : 中国水利水电出版社, 2018.7 （2025.4重印）
ISBN 978-7-5170-6688-0

Ⅰ. ①建… Ⅱ. ①谭… Ⅲ. ①建筑设计 Ⅳ. ①TU2

中国版本图书馆 CIP 数据核字(2018)第 171271 号

责任编辑:陈　洁　　封面设计:王　茜

书　　名	**建筑设计原理与技术探究** JIANZHU SHEJI YUANLI YU JISHU TANJIU
作　　者	谭征　著
出版发行	中国水利水电出版社 (北京市海淀区玉渊潭南路 1 号 D 座　100038) 网址:www. waterpub. com. cn E-mail:mchannel@263. net(万水) 　　　sales@waterpub. com. cn 电话:(010)68367658(营销中心)、82562819(万水)
经　　售	全国各地新华书店和相关出版物销售网点
排　　版	北京万水电子信息有限公司
印　　刷	三河市同力彩印有限公司
规　　格	170mm×240mm　16 开本　13.5 印张　240 千字
版　　次	2018 年 8 月第 1 版　2025 年 4 月第 3 次印刷
印　　数	0001—2000 册
定　　价	54.00 元

凡购买我社图书，如有缺页、倒页、脱页的，本社营销中心负责调换

版权所有 · 侵权必究

前　　言

建筑是人们日常生活和进行社会活动必不可少的空间载体，建筑的设计与建造不仅构成了城市规划与建设的重要环节，也是一项融合了政策性、艺术性及技术性等综合性特征与要素的工作。

建筑有多种形态与使用领域，这些特质都随着时代的变迁而获得新的诠释，从现代主义到后现代主义，建筑设计的空间组合与整体构成，都在不断被赋予新的形态与意义，不断阐释着建筑设计中功能要求、技术条件与艺术形象三者之间辩证统一的关系。本书以建筑设计原理与技术基础理论为基础，探索古今中外建筑设计发展历史，进而综合分析建筑设计的实际操作理论、建筑设计的创意表达，这些内容为具体的设计实践做好充分的理论准备。同时分别对居住建筑、公共建筑、绿色建筑以及高层建筑的设计要素进行探究，通过研究，力求使建筑设计在功能与经济合理，工程技术与物质条件允许的情况下，创造出人们喜闻乐见的形式。

建筑的设计与技术研究是和一定的功能要求、精神要求及技术条件分不开的。也就是说，功能、艺术、技术是构成建筑空间组合的内因，不同的政治制度、民族传统、审美观点、自然条件、城市规划、经济水平等则是影响建筑空间组合的外因，因而一定的建筑空间组合形式的产生，是外因通过内因而起作用的结果。应当看到，在考虑建筑空间组合的问题时，技术条件是达到功能要求与精神要求的手段。正如本书在探讨绿色建筑的设计时，重视对一些绿色技术，如太阳能技术、建筑一体化技术以及智能化技术的研究与论述。

本书共分为七章，具体行文如下：

第一章为建筑与建筑设计，分别对建筑认知与分类，建筑设计的内容、要素和依据以及建筑设计的一般性原则、要求和程序进行研究，进而使读者对建筑以及建筑设计相关理论形成科学认知。

第二章为世界建筑设计简史，对西方建筑设计史和中国建筑设计史进行分析阐述，总结回顾中外经典设计，促使现当代建筑设计与技术研究结合传统艺术与技术手法，基于传统的土壤，生发出全新的创作意识。

第三章是建筑组成与设计操作，分别对建筑组成、建筑设计构思与创意进行研究，着眼于对建筑设计的实际操作的研究，从设计到实地调研再到多种形式的设计表达形式，对建筑设计程序有全方位的了解。

第四章至第七章分别对居住建筑、公共建筑、绿色建筑以及高层建筑的设计技术展开研究，以各自的功能与使用对象以及与城市规划发展相融合为研究前提，对这些建筑形式的设计构思与创意、技术手段与空间结构进行研究。

本书在撰写的过程中参考和借鉴了一些知名学者和专家的观点及论著，在此向他们表示深深的感谢。另外，由于作者的学术水平和掌握的资料有限，难免会有所疏漏，真诚地希望得到各位读者和专家们的批评指正，以便进一步修改，使之更加完善。

南阳理工学院　谭征

2018 年 4 月

目　录

第一章 建筑与建筑设计

建筑承载了人类生命活动和精神活动，而建筑活动是人类生存、发展的基础性营造活动。建筑设计作为一种集体创作活动，是一项十分复杂的系统性的工作。本章首先研究了对建筑认知以及建筑的分类，其次针对建筑设计的内容、要素和依据进行阐述，最后分析了建筑设计的一般性原则、要求和程序。

第一节 建筑认知与分类

一、对于建筑的认知

（一）建筑基础知识

1. 建筑就是房子

通常情况下，人们把建筑理解为房子。但是将建筑作为一门学问进行研究的时候，就会发现这一理解存在着一定的偏差。房子是建筑物，但是建筑并不只包括房子，还包括一些房子之外的建筑物。如纪念碑、传统建筑中的砖塔等都是建筑物，但是它们与房子有所区别，所以不能说成是房子。这个问题比较混沌、模糊。然而，人们对这些对象不是房子却属于建筑物已经有所了解了。

2. 建筑就是空间

毫无疑问，房子是空间，但是其他建筑物，如纪念碑、砖塔等也是空间吗？事实上，房子的实体、空间与其他不属于房子的建筑物是相反的。房子是实体包围着空间，属于实空间；而纪念碑是空间包围着实体，属于虚空间。它们都为人们提供活动的场所，因此，可以将建筑理解为空间。

3. 建筑是住人的机器

“建筑是住人的机器”，这是现代建筑大师勒·柯布西耶对建筑的认识。他认为，建筑应该为人类物质活动、精神活动提供空间。

4. 建筑就是艺术

18世纪的德国哲学家谢林曾经说过“建筑是凝固的音乐”，后来德国的音乐家豪普德曼又补充道：“音乐是流动的建筑。”这些观点和认识都认为建筑是一种艺术。但是艺术并不是建筑的唯一属性，二者具有交叉关系（图1-1）。另外，技术性、实用性和空间性等也是建筑的属性，而艺术领域除了建筑以外，还包括戏剧、诗歌、绘画和雕塑等其他艺术。

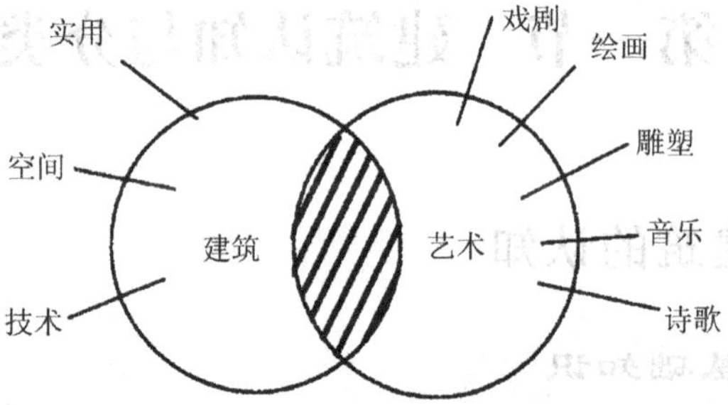

图1-1　建筑与艺术的关系图

5. 建筑是技术与艺术的综合体

意大利著名建筑师奈尔维被誉为“钢筋混凝土的诗人”，他对建筑的理解为：建筑是技术与艺术的综合体。例如，罗马小体育宫的波形钢丝网水泥的圆顶薄壳既属于建筑结构，又属于建筑造型的一部分，并发挥着美学作用。而建筑大师赖特指出，建筑是通过结构来表达思想的，其中蕴含着科学技术等因素。

（二）建筑的属性

建筑是供人们从事各种活动而用物质手段创造出的活动场所。建筑既是一种物质产品，又是一种艺术创造。作为物质产品，它主要是利用物质技术条件来满足人们的物质需求；而作为一种艺术创造，它可以满足人们的精神需求。建筑的基本属性并不是单一的，而是多方面的，具体可以分为建筑的时空性、建筑的工程技术性、建筑的艺术性、建筑的社会性。

1. 建筑的时空性

(1)建筑是以空间形式存在的。中国古代哲学家老子认为："凿户牖以为室，当其无，有室之用。故有之以为利，无之以为用。"这句话的主要观点是：房屋的作用是通过开凿门窗以及构造门窗、四壁中间的空间来实现的。人们建造房屋的主要目的是对空间进行利用(图 1-2)。

图 1-2　建筑的时空性

建筑的空间形式有两种：一是室内空间，如以四壁及屋顶围合方式形成的空间；二是外部空间，如体育场雨棚下的场地、广场上纪念碑的周围以及马路上的斑马线区域等。其中，外部空间是多种多样的，并且可以通过肌理变化、覆盖等方式形成。

(2)建筑空间的特性。从本质上看，建筑是静态的，时间是动态的，二者似乎没有联系，但是对建筑空间的使用与认识都离不开时间要素，有学者认为，时间是空间的第四维。建筑的主要内容就是空间，关于建筑空间的研究也相当多，并且对于空间性质的分析已成为建筑设计的重点关注对象。作为一种空间艺术，建筑的空间性质具有时间与空间的统一性，这是与其他空间艺术相区别的地方。

2. 建筑的工程技术性

建筑工程技术是现代建筑空间扩大、层数增加、舒适度提高的保障，是在技术不断发展的条件下实现的。一般而言，建筑工程技术包括：建筑材料、建筑结构、建筑设备、建筑施工和建筑构造等。

(1)建筑材料。建筑材料，即在建筑物中使用的材料，它对建筑结构发展具有重要意义。如新塑胶材料的出现使大跨度的帐篷结构成为可能。同时，在建筑装修方面，建筑材料也是十分重要的组成部分。

(2)建筑结构。建筑结构为建筑提供所需的各类可能空间，能安全承受建筑物各种正常荷载作用的骨架结构。同时，还能针对温度变化、风雪、地震、土壤沉降等自然因素对建筑的破坏起到抵抗和保护作用，确保建筑的安全性和坚固性。

(3)建筑设备。建筑设备包括给水、排水、采暖、通风、电气、电梯、通信等设施设备。此外，为了进一步提高人们的生活质量，建筑设备又得到了发展，如空调系统、监控系统和建筑智能化系统等。建筑设备的不断改进与完善是现代建筑发展的必然趋势。

(4)建筑施工。通过施工，建筑设计变为现实。在施工机械化、工厂化的进程中，建筑工人的劳动强度得以减轻，而且还有效地提高了施工的速度。

(5)建筑构造。建筑构造是由各种构件和配件组成的，运用合理的构造方法可以有效保障建筑物的使用安全。

3.建筑的艺术性

(1)在满足人类各种物质活动要求的基础上，建筑还能给人以精神感受的满足，即通过造型、色彩、空间等表现形式满足人的精神活动需求。

(2)与绘画、雕刻等纯艺术不同，建筑艺术注重实用性。同时，建筑艺术的表现形式非常丰富，如色彩的和谐、恰当的比例、虚实对比关系等，并且这些形式都要建立在美学规律或法则的基础上，因而建筑艺术具有相对独立性。由于历史和地域文化的影响，建筑形式各异，但是公认的形式却在美学上存在共通之处，即统一、均衡、比例、尺度、韵律、序列等。

4.建筑的社会性

作为社会赖以生存的物质基础之一，建筑的产生与发展离不开社会生产力，同时在社会制度和社会意识中具有重要的地位。意思是在一定的社会历史发展阶段，建筑依赖于社会而产生和发展，反过来也作用于社会。比较突出地体现在以下几个方面：

(1)建筑与各种社会制度的关系。不同社会制度下的建筑存在明显的差异，如民主制度与专制制度下的建筑，在民主制度下的建筑能够得到蓬勃的发展，而专制制度下的建筑则是被压制。由此可见，社会制度对建筑的发展起着一定的制约作用。

(2)建筑与社会意识的关系。封建伦理观念、迷信思想和唯心观念在我国传统建筑中都有不同程度的反映，并且还从一定角度说明了社会意识对建筑发展会产生影响。

(3)建筑与各种社会问题的关系。在现代建筑快速发展的过程中，住宅问题、人口问题、社会老龄化问题、犯罪问题、就业问题等许多的社会问题被反映出来。这些问题得不到合理的解决，就会对建筑业的发展产生消极的影响。

二、建筑物的分类

(一)按建筑的使用功能分类

从使用功能上来划分，建筑物类型主要有民用建筑、工业建筑和农业建筑三大类。

民用建筑是供人们居住和进行公共活动的建筑的总称。

工业建筑是工业生产所需的厂房车间、仓储等各类建筑。

农业建筑是各类农业、牧业、渔业生产和加工所需的各类建筑，如种植暖房、农副产品仓库等。

以上建筑类型中，与人们日常生活关系最密切的就是民用建筑。因此，以下主要介绍民用建筑的分类。

1. 民用建筑按照使用功能分类

按照使用功能，民用建筑又可以分为两类，即居住建筑和公共建筑(表1-1)。

表 1-1 民用建筑分类

分类	建筑类别	建筑物举例
居住建筑	住宅建筑	住宅、公寓、福利院等
	宿舍建筑	职工宿舍、职工公寓、学生宿舍、学生公寓
公共建筑	教育建筑	托儿所、幼儿园、中小学、高等院校、职业学校、特殊教育学校
	办公建筑	各级党委、政府办公楼。企业、事业、团体、社区办公楼
	科研建筑	实验楼、科研楼、设计楼
	文化建筑	剧院、电影院、图书馆、博物馆、档案馆、文化馆、展览馆、音乐厅
	商业建筑	百货公司、超级市场、菜市场、旅馆、餐馆、饮食店、洗浴中心、美容中心
	服务建筑	银行、邮电所、电信大楼、会议中心、殡仪馆
	体育建筑	体育场、体育馆、游泳馆、健身房
	医疗建筑	综合医院、康复中心、急救中心、疗养院等
	交通建筑	汽车客运站、港口客运站、铁路旅客站、空港航站楼、地铁站等
	纪念性建筑	纪念碑、纪念馆、纪念塔、名人故居等
	园林建筑	动物园、植物园、海洋馆、游乐场、旅游景点建筑、城市建筑小品等
	综合建筑	多功能综合体、商住楼等

(1)公寓、住宅、宿舍等供人们居住使用的建筑为居住建筑。

(2)供人们开展各种公共活动的建筑为公共建筑。

2.民用建筑按照建筑层数和建筑高度分类

(1)住宅建筑按层数划分见表 1-2 和图 1-3。

表 1-2 住宅建筑按层数分类

类别	低层	多层	中高层	高层	超高层
层数	1～3 层	4～6 层	7～9 层	10 层及 10 层以上	高度＞100m

(a)多层住宅

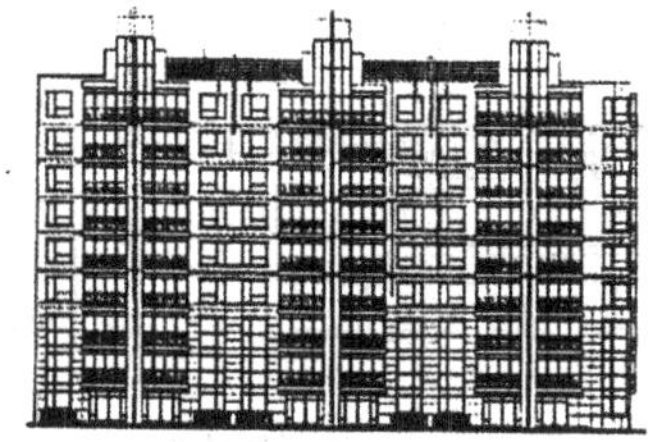

(b)中高层住宅

(c)高层住宅

图 1-3　住宅建筑按层数分类

(2)除住宅之外，其他民用建筑按照建筑高度划分见表 1-3 和图 1-4。

表 1-3　除住宅之外其他民用建筑按照建筑高度分类

类别	低层和多层建筑	高层建筑	超高层建筑
建筑高度	≤24m	>24m(不包括建筑高度大于 24m 的单层建筑)	>100m

注：建筑高度，在特殊地区，如重点文物保护区、航线控制高度区等，指室外地坪到建筑物最高点的垂直距离；在一般地区，平屋顶指室外地坪至建筑女儿墙顶面的垂直距离，坡屋顶指室外地坪至建筑檐口和屋脊的平均高度。

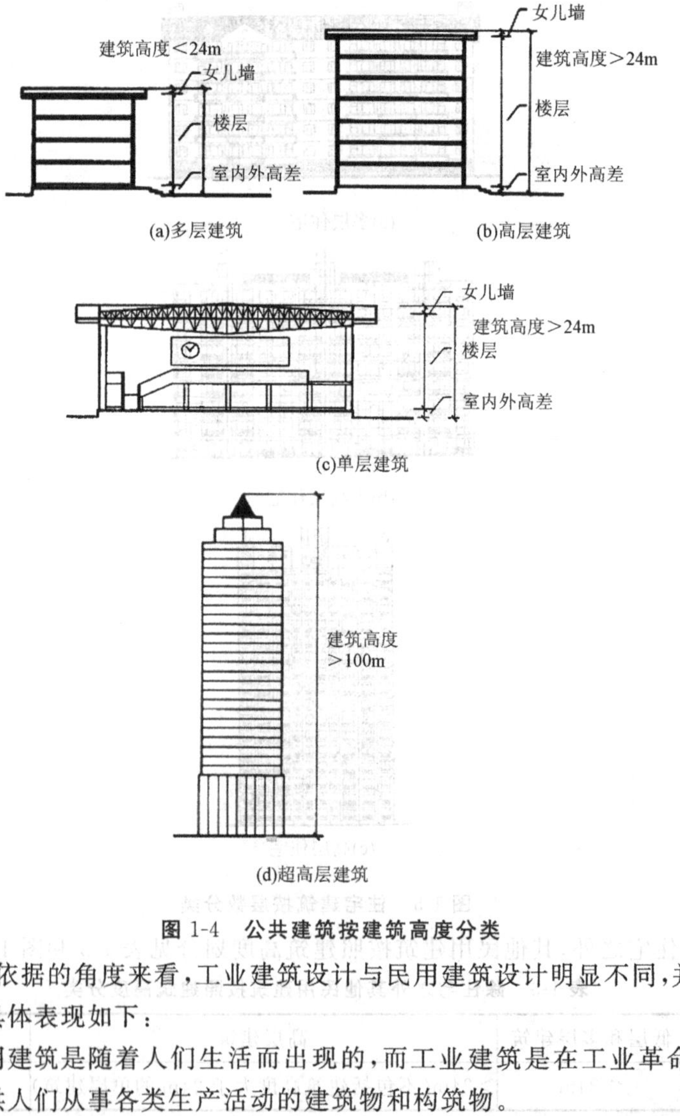

图 1-4　公共建筑按建筑高度分类

从设计依据的角度来看，工业建筑设计与民用建筑设计明显不同，并且存在极大的差异，具体表现如下：

(1)民用建筑是随着人们生活而出现的，而工业建筑是在工业革命之后出现的，主要是供人们从事各类生产活动的建筑物和构筑物。

(2)民用建筑设计的主要依据是人，它要按照使用者对房屋的功能要求进行设计，如美国季风餐厅设计(图 1-5)；而工业建筑设计重点是将物质生产作为设计依据，其主要目的是为了满足机器生产的需要。

图 1-5　美国季风餐厅

美国的季风餐厅虽不属于高级餐厅，但是却在美国备受欢迎，其主要原因在于：整个餐厅模仿“在家”的感觉，符合美国国民追求自由、平等的性格和生活需求，给人一种家的自由感。没有压力，没有规矩，“随意”是美国人生活的核心。

（3）民用建筑需要考虑金钱以外的其他诸多因素；而工业建筑则对于金钱之外的东西考虑很少。

（4）民用建筑要符合一定的美学要求，根据审美设计建筑形式；而工业建筑则侧重技术，美学形式考虑较少。

（5）民用建筑是理性的、传统的、舒适的；而工业建筑则是重型化、大型化的，是为工业生产服务的。

通过民用建筑与工业建筑之间的比较可以看出，在进行建筑设计时，民用建筑设计师要借鉴工业建筑设计的特点，做到主题明确、思路清晰。在建筑设计的过程中要直达目的，讲求理性。

（二）按建筑的规模分类

1. 大量性建筑

大量性建筑指的是在生活中与人们息息相关的那些量大面广的建筑，如学校、住宅、医院、商店以及中小型办公楼等。

2. 大型性建筑

所谓大型性建筑，指的是规模大、影响大、耗资多的建筑类型。与大量性建筑不同，大型性建筑的数量是有限的，往往作为一个国家或地区的代表性建筑，并且能够影响城市的面貌，如大型火车站、航空站、大型体育馆、博物馆、大会堂等。

（三）按主要承重结构材料分类

(1)砖混结构建筑：砖(石)砌墙体，钢筋混凝土楼板和屋顶的多层建筑。

(2)砖木结构建筑：砖(石)砌墙体，木楼板、木屋顶的建筑。

(3)钢结构建筑：全部用钢柱、钢梁组成承重骨架的建筑。

(4)钢筋混凝土建筑：钢筋混凝土柱、梁、板承重的多层和高层建筑以及用钢筋混凝土材料制造的大模板建筑。

(5)其他结构建筑：生土建筑、充气建筑、塑料建筑等。

第二节　建筑设计的内容、要素和依据

一、建筑设计的内容

建筑设计包括建筑空间环境的组合设计和建筑构造设计两部分内容。

（一）建筑空间环境的组合设计

建筑空间环境的组合设计的目的是利用建筑空间限定、组合分方式解决建筑功能、经济、技术以及美观等方面的问题。其主要是通过对下列内容的设计来完成的：

(1)建筑总平面设计：在建筑物规模、性质已定的基础上，结合地形、道路、绿化、原有建筑设计等自然条件和环境特点，对建筑物或建筑群的位置进行合理的布局和确定，并且还要设置基地范围内的绿化、道路和出入口以及其他总体设施，以实现满足建筑的总体使用要求。

(2)建筑平面设计：根据建筑物的使用功能以及经济条件、自然条件和技术条件，对房间的形状和大小进行规划，合理布局房间与房间之间、室内与室外之间的分隔和联系，使建筑物的平面组合满足实用、经济、美观、流线清晰和结构合理的要求。

(3)建筑剖面设计：即对建筑立体空间的设计，首先要满足使用功能；其次要与建筑结构、构造相联系，以确定房间各部分高度和空间比例；再次要对垂直方向的空间组合和利用进行考虑，并选择合适的剖面形式；最后要合理设置垂直交通和采光、通风，使建筑物立体空间关系符合功能、艺术和技术、经济的要求。

(4)建筑立面设计：是指建筑物外部形状的设计，要在确定建筑物性质、功能的基础上结合材料、结构、周围环境特点以及艺术表现的要求，根据初步确定的建筑物内部空间组合的平、剖面关系，综合地考虑建筑物外部的体形组合、内部的空间形象以及材料的质感、色彩的处理等问题，以满足人们的审美要求。

(二)建筑构造设计

建筑构造设计的主要任务是将房屋建筑的各组成构件按照功能、材料性质、受力情况、建筑形象等要求进行合理的选择和设计，以解决建筑功能、经济、技术和美观等方面的问题。具体而言，其设计内容包括楼地面、楼梯、基础、墙体、门窗等。

但是要注意的是，建筑空间环境组合设计是一项综合考虑的过程，总平面设计以及平、立、剖各部分设计要联系在一起共同完成；而建筑空间环境的组合设计与构造设计虽然在内容方面存在差异，但是设计目的和设计要求却是一致的，都是为了建造一个实习、经济、坚固、美观的建筑物。

二、建筑设计的基本要素与依据

(一)建筑设计的基本要素

建筑设计的基本要素有自然、人文、技术和资金等。在设计过程中，建筑设计师需要重点考虑。

(1)自然要素，即非人为因素，如地质条件、气候条件、水文条件以及环境、基地情况等。

(2)人文要素，包括社会和文化两方面：社会因素包括国家的法律、法规、标准、规范等；文化因素包括文化、习俗、传统等，如图1-6、图1-7所示。

图 1-6　香港中国银行大厦

图 1-7　香港汇丰银行大厦

文化指的是地域间的生活方式和习俗等。文化对建筑的影响十分深远和广泛，如形式、功能、材料等都会受到文化的影响。我国古建筑注重的轴线、脊饰、枕山、面屏等，都带有浓郁的文化、地域特色。同时，对"风水"观念也极为重视，这在香港中国银行大厦及汇丰银行大厦的设计中都有所体现。1985 年，贝聿铭在设计香港中国银行大厦时，觉得一定要使邻近的汇丰银行大厦这一殖民统治的标志相形见绌，展示出"中国人民的抱负"，于是他用 1.3 亿美元和极小的地盘建起了充满锋利棱角的大楼。而汇丰银行大厦的"风水"观主要体现在地面的四水归堂、"肥水不流外人田"等方面。

(3)业主要求，设计师的设计风格要和业主选定的建筑风格相近，以便按照业主的要求完成建筑设计。

(4)其他方面，包括资金筹措、场地条件、材料限制等。

(二)建筑设计的依据

建筑设计需要依据人体尺度和人体活动所需的空间尺度、自然条件与环境条件和技术要求来进行。

1.人体尺度和人体活动所需的空间尺度

指的是人们日常生活、工作活动中所使用的各类设备的尺寸，具体包括男女、成人与儿童等不同的人体尺度和人体活动所需的空间尺度。

2. 自然条件

气象条件：温度、湿度、风向、日照、降水、风速等都包含在气象条件内，针对这些气象因素要做好各种防止自然灾害侵袭的安全措施。

地形、地质、水文条件：主要有建筑用地的地形、地质情况以及地面与地下水的基本情况等。

3. 环境条件

包括基地周围的绿化与自然风景，建设基地的方位、面积，基地原有建筑、管网设施等方面。

4. 技术要求

主要包括建筑材料、结构形式、施工条件以及施工设备的选择等，同时还要综合各方因素尽可能地运用新材料、新技术为建筑工业化创造条件。

第三节　建筑设计的一般性原则、要求和程序

一、建筑设计的一般性原则

建筑设计是一项创作活动，它具有政策性、综合性较强且涉及范围较广等特点。建筑设计的影响因素包括社会经济水平、科学技术水平、文化传统、地方特色以及有关建筑方针政策等。除执行国家有关工程建设的方针政策外，建筑设计还应遵循以下原则：

(1)遵守当地城市规划部门制定的城市规划实施条例。在城市规划的总体安排下，建筑设计要注意符合城市规划的基本要求，合理安排建筑群和建筑个体，使其与城市形成有机统一体。

(2)结合建筑物的用途、目的，对社会效益、经济效益、环境效益与城市用地、城市空间之间的关系进行综合考虑。

(3)节约建筑能耗,合理选择围护结构,保证围护结构的热工性能。

(4)建筑设计的标准化应与多样化结合。建筑设计过程中,不仅要保证建筑构配件和单元设计的标准化,而且还要注意建筑空间组合、立面处理的丰富性,让建筑在具备时代特征的基础上富有个性。

(5)综合考虑抗震、防火、防洪等安全措施。在设计过程中,为了确保人民生命、财产安全,就必须按照相应建筑规范和建筑标准采取必要的安全措施。

(6)对于当地的历史文化保护区、风景名胜区、历史文化遗址等各项建筑要严格按照国家或地方的规划政策进行。通过新建筑与环境的协调,突出或加强应当保护的文物、景观及环境。

(7)为老年人、残疾人的生活、工作、社会活动提供便利,实现室内外环境的无障碍设计。

二、建筑设计的要求和程序

(一)建筑设计的要求

1.建筑的功能要求

建筑设计的首要任务就是满足建筑物的功能要求,以便为人们的生产和生活活动创造优良的条件和环境。例如,在学校建筑设计中,必须从教学活动的需要入手,对采光通风、教室设置、储藏间、厕所布局等问题进行合理的安排,并且还要配置良好的体育场馆和室外活动场地等。

2.建筑的技术要求

建筑的技术要求主要有:采用合理的结构、施工方案保证房屋的坚固性;结合建筑空间的特点选择合理的技术措施。近年来,在我国一些大跨度屋面体育馆的建筑设计中,通过应用钢网架空间结构和整体提升的施工方法不仅可以减少建筑物的用钢量,缩短施工时间,而且还从一定层面上反映了施工单位的技术实力。

3.建筑的经济要求

由于房屋建造是一个复杂的过程,因而在设计和建造过程中要尽量做到因地制宜,以节省劳动力、节约建筑材料、减少建筑经费。同时,要制定周密的计划和核算,并从经济效益的角度,协调使用要求、技术措施、相应造价和建筑标准之间的关系，实现经济效益的最大化。

4.建筑的美观要求

作为社会物质、精神文化财富的体现，建筑物需要在满足使用要求的基础上，满足人们对审美的要求，充分考虑建筑物所赋予人们在感官和精神上的感受。因而，建筑设计要从造型、空间组合方面对建筑形象进行创造。在历史上，具有时代印记、时代特色的建筑形象已成为一个国家、一个民族文化的重要内容。

5.建筑的规划及环境要求

建筑设计总体规划中的重要组成部分——单体建筑，应与总体规划的要求相符合，还应与周围的环境相协调，如原有建筑的状况、道路的走向、基地面积大小以及绿化等。而新设计的单体建筑不仅要协调所在基地的室内外空间组合关系，而且还要为室外环境贡献一份力量。

（二）建筑设计的程序

建筑设计的过程以及各个设计阶段所包括的内容如下。

1.设计前的准备工作

(1)熟悉设计任务书。首先，要在着手设计之前对设计任务书有所熟悉，并且对建筑项目的设计要求有明确的认识。设计任务书的内容如下：

1)建设项目总的要求和建造目的的说明。

2)建筑项目的投资总额和单方造价，同时还要对房屋设备费用、土建费用以及室外设施费用的分配情况进行说明。

3)建筑物的使用要求、使用面积。

4)建设基地的具体情况，如基地的大小、周围原有建筑、地段环境等，并附有地形测量图。

5)采暖、供水、供电以及空调等设备的设计要求，并附有水源、电源接用许可文件。

6)设计期限和项目的建设进度要求。

根据定额指标，设计人员要核对任务书中的房间使用面积、单方造价等，并且要在实施过程中对有关限额，如用地范围、建筑标准和面积指标等严格掌握。同时，在深入调查和分析设计任务的基础上，设计人员可以从满足技术要求、合理解决使用功能和节约投资等方面或者是建设基地的实际条件方面提出一些补充、修改的建议，但是必须要征得建设单位的批准。其中，涉及造价、使用面积的内容还要经城建部门或主管部门批准。

(2)收集必要的设计原始数据。设计任务往往是针对建设规模、使用要求、建设进度和造价而提出的，因而为了更好地进行房屋的设计和建造，就需要收集下列原始数据和设计资料：

1)气象资料：该地区的日照、温度、风向、湿度、风速、雨雪和冻土深度等气象条件。

2)基地地形及地质水文资料：土壤种类、基地地形标高、地下水位、有无岩洞和断层等现象。

3)水电等设备管线资料：基地地下的给水、排水、电缆等管线布置以及基地上的架空线等供电线路情况。

4)设计项目的有关定额指标：国家或地方关于设计项目的相关定额指标以及建筑用地、用材等指标。

(3)设计前的调查研究。设计前调查研究的主要内容如下：

1)建筑物的使用要求：对房屋图纸资料、实际使用情况认真调查和研究，再通过分析、总结，深入了解房屋的使用要求。

2)建筑材料供应和构施工等技术条件：掌握所在地区建筑材料供应情况，如品格、规格、价格以及新型建筑材料的性能等。根据房屋使用要求、建筑空间组合特点，结合当地施工技术和起重、运输等设备条件，了解并分析不同结构方案的选型。

3)基地踏勘：结合城建部门所规划的设计图纸，对基地现场实际情况进行踏勘，深入挖掘基地周围环境的历史与现状，并针对已有资料核实情况是否属实，做到查漏补缺。此外，还要从基地周围原有建筑、道路、绿化以及基地的面积、形状等方面考虑拟建建筑物的位置和总平面布局的可能性。

4)当地传统建筑经验和生活习惯：传统建筑中充分利用了当地的气候、地理条件，在拟建建筑物时可以借鉴传统建筑的布局和创作经验。同时，还要结合当地的生活习惯和审美观念，设计出人们喜闻乐见的建筑形象。

2.初步设计阶段

建筑设计的第一阶段是初步设计，其主要任务是按照设计任务书所拟定的使用要求，在已定基地范围内对建筑艺术、建筑技术以及经济条件综合考虑，提出设计方案。

具体而言，初步设计包括的内容主要有所用建筑材料和结构方案、建筑物的位置和组合方式、立面造型、室内空间设计以及设计意图的相关说明、经济和技术层面上的合理分析、概算书等。

初步设计的图纸和设计文件如下：

(1)建筑总平面。图中要标注建筑的位置，道路、绿化、主要设施的布置以及相关说明等内容，比例尺为1：500～1：2000。

(2)各层平面及主要剖面、立面。图中要对房间面积、房屋尺寸以及门窗位置、部分家具和设置布置等进行标注。

(3)说明书。说明设计方案的主要意图、主要结构方案及构造特点以及主要技术经济指标等。

(4)建筑概算书。

(5)在建筑透视图、建筑模型的辅助下完成设计任务。

在建筑初步设计阶段，会存在多个方案的情况，这时就需要将方案送交有关部门审批，最终确定最佳的方案。经过批准下达的方案就成为材料设备订货、基建拨款等工作开展和实施的依据文件。

3.技术设计阶段

在建筑设计中，技术设计处于中间阶段。其主要任务是结合初步设计，对房屋各工种的技术问题加以进一步确定。

从技术设计的内容方面来看，主要包括：针对需要对各工种提出要求并提供资料；共同研究和协调编制拟建工程各工种的图纸和说明书；为各工种的施工图进行编制。在三阶段设计中，施工图编制、主要材料设备订货以及基建拨款需要依据经过送审并批准的技术设计图纸和说明书等来实施。技术设计的图纸和设计文件，不仅要对建筑工种的图纸以及与技术工种有关的详细尺寸进行明确的标注，而且还要编制建筑部分的技术说明书。另外，设备工种应有设备图纸和相关说明书。

4.施工图设计阶段

作为建筑设计的最后阶段，施工图设计的主要任务是在初步设计或技术设计的基础上，通过对结构、设备的核实校对，并综合且深入地了解材料供应、施工技术以及设备条件，实现整套图纸的准确、完整和简明。总体上来讲，就是施工图设计要符合和满足施工的要求。

施工图设计的图纸及设计文件如下：

(1)总平面图。即整个建筑的总体平面布局,一般按照1∶500的比例绘制。如果建筑基地范围非常大,也可以采用1∶1000或1∶2000等比例。在建筑总平面图中要明确标注道路、建筑物、设施的位置、尺寸,并且还要对整体设计进行文字说明。

(2)各建筑物的平面、立面、剖面图。一般按照1∶100～1∶200的比例绘制。

(3)建筑构造节点详图。建筑构造节点详图是表明建筑构造细部的图,包括墙身、楼梯、门窗、檐口以及各部分的装饰大样等。根据实际情况,选择1∶1、1∶5、1∶10、1∶20等不同比例尺。

(4)各工种相应配套的施工图。

(5)结构及设备的计算书(不交施工单位)。

(6)建筑、结构及设备等各类说明书。

(7)工程预算书。

第二章　世界建筑设计简史

人类从很早以前就开始建造房屋，随着社会的不断发展，人类对房屋的形式和功能的要求也越来越多元化，建筑的发展是社会和时代发展变化的反映，建筑的形式被打上了深深的时代烙印。本章是对世界建筑设计简史的研究，主要从西方建筑设计和中国建筑设计两方面进行分析和论述。

第一节　西方建筑设计史

一、欧洲建筑设计的发展

（一）欧洲古代建筑

1.古希腊建筑

18世纪德国的艺术史家温克尔曼在《论摹仿希腊绘画和雕刻》里提到，“希腊艺术杰作的普遍优点在于高贵的单纯和静穆的伟大”。他所说的“高贵的单纯”和“静穆的伟大”在多立克和爱奥尼两种柱式建筑里得到了深刻体现。雅典卫城的建筑群就是这两种建筑风格里最完美、最成熟的代表。

2.古罗马建筑

古罗马文明起源于意大利半岛，公元前753年，古罗马进入奴隶制王国，又于公元前5世纪建立起共和政体，此后便走上了对外扩张的道路。在公元前30年左右，古罗马进入了帝国时期，各行省大兴建筑，由此创造了灿烂的古罗马建筑文明。

4 世纪之后，罗马帝国由盛而衰，分裂为东、西两大帝国。到了 5 世纪，随着西罗马帝国的灭亡，古罗马帝国彻底退出了历史舞台。

古罗马在建筑方面的成就是巨大的，分析古罗马建筑就不得不提到古罗马建筑特有的拱券结构和混凝土工程技术。拱券结构和混凝土技术的结合，使得古罗马建筑突破了古希腊建筑的传统，进行了大幅度的创新。它使得建造技术得以简化，建造成本也得以降低，并且建造速度也得到加快。建筑物的容积也因之得以扩大，建筑的艺术形式和装饰手法得到进一步发展。作为一切建筑得以实现的根本，工程技术的变化自然而然地会给建筑本身也带来变化。古罗马混凝土用天然的火山灰作为活性材料，它类似于今天的水泥，这种火山灰经水化再凝固之后形成固体，具有很强的耐压性。维特鲁威在《建筑十书》第二书第六节“火山灰”里提到巴伊埃附近和维苏威山周围各城镇的管辖区之内有一种粉末，在自然状态下产生的效果就十分惊人。如果将这种粉末与石灰和砾石搅拌在一起的话，建筑物会更加坚固。“它所用的骨料有碎石、断砖和沙子”。所用的骨料不同，制成的混凝土的强度和容重也会不同。以多层建筑为例，底层用凝灰岩做骨料，二层用灰华石做骨料，顶层用火山喷发时产生的玻璃质多孔浮石做骨料，这样的建筑越往下越结实。罗马的大角斗场和万神庙就是根据上面的配料建造而成的。

（二）中世纪至 19 世纪建筑

1. 拜占庭建筑

395 年，拜占庭帝国逐渐强大起来。当时的统治者非常重视位于意大利东海岸的拉韦纳，这个地方是连接东、西罗马政治、经济和文化的桥梁。404 年，拉韦纳成为西罗马的首都，在 527—565 年它又成为拜占庭帝国西部的首都。

4—6 世纪，拜占庭帝国迎来了它的鼎盛时期，它的领土范围包括叙利亚、巴基斯坦、小亚细亚、意大利、巴尔干、埃及、北非以及地中海中的一些小的岛屿。7 世纪以后，拜占庭帝国日益衰落，领土也缩小了很多，只剩下巴尔干和小亚细亚地区，后来由于西欧十字军东征，1453 年，土耳其人占领了拜占庭。拜占庭帝国从此不复存在。

拜占庭的建筑成就很高，按照发展的年代可以将其分为以下三个时期。

第一个时期(330—850 年)：查士丁尼(Justinian)时期。

第二个时期(850—1200 年)：马其顿(Macedonian)与康纳宁(Comnenian)时期。

第三个时期(1200 年至今)：这一时期的建筑风格具有显著的地方特色。

2. 西欧中世纪建筑

从古罗马的灭亡到资本主义萌芽的产生，在前后近千年的时间里，西欧经济经历了由衰败到兴盛的过程。而西欧的建筑则是由起点低、结构技术和艺术经验失传到取得了灿烂的成就，其中哥特式建筑的成就最高。

在欧洲，10 世纪到 12 世纪这段时间内形成了许多新的国家，如日耳曼、意大利、法兰西等，这个时期的建筑呈现出显著的地方特色。在西欧，法国是封建制度最为典型的国家，其他国家都受到法国的极大影响。尼德兰和意大利的建筑都有其独特的风格；受到阿拉伯的影响，西班牙建筑多模仿伊斯兰建筑的风格。

3. 意大利文艺复兴建筑

15—19 世纪，文艺复兴建筑开始流行，这一时期的建筑批判地继承了哥特式建筑的风格，但在宗教和世俗建筑上又重新采用古希腊罗马时期的柱式构图要素。在理论上坚持文艺复兴的思潮；在造型上抛弃神权至上的哥特式建筑风格，主张采用古罗马时期的建筑形式。佛罗伦萨主教堂就是意大利文艺复兴时期建筑的重要代表。

佛罗伦萨主教堂的设计师是伯鲁乃列斯基，13 世纪末开始修建(图 2-1)，它被当作意大利第一个文艺复兴建筑，因此它的兴建也被看作是意大利文艺复兴建筑史开始的标志。下面简要介绍一下佛罗伦萨主教堂的特点。

图 2-1　佛罗伦萨主教堂

(1)结构。为了使教堂的穹顶更加突出,设计师为主教堂砌了一段高 12m 的鼓座,将穹顶置于鼓座上,这在当时来说,是史无前例的。为了尽量减小穹顶的重量和它的侧推力,设计师伯鲁乃列斯基想出了以下方法:首先,采用矢形的穹顶轮廓,大致为双圆心;其次用骨架券结构,穹面分为里外两层,中间为空的。这两点是在借鉴古罗马建筑经验和哥特式建筑经验的基础上,进行了全新的创造。佛罗伦萨主教堂的穹顶在世界上来说都是比较大的,不管是从结构上还是构造的精巧程度上来看,都远超古罗马和拜占庭。在结构技术上,佛罗伦萨主教堂的成就堪称空前。

(2)施工。穹顶的施工也是一项伟大的成就。它的起脚比室内地平面高出 55m,顶端底面高 91m。设计师伯鲁乃列斯基为了提高劳动效率,利用平衡锤和滑轮组创造了一种垂直向的运输机械。有人曾预言,这项工程 100 年也完成不了,但实际上只用了十几年就造好了。

(3)意义。首先,天主教会向来排斥集中式的平面和穹顶,认为这些都是异教的形制,但是工匠们却对教会的戒律置之不顾。在天主教会的统治之下,工匠们这样做是需要很大的勇气的。因此,佛罗伦萨主教堂被看作是突破教会精神专制的一个标志。其次,不管是古罗马的穹顶还是拜占庭的大型穹顶,从外观上来看都是半露半掩的,还没有被当作重要的造型手段。而佛罗伦萨主教堂,在借鉴拜占庭小型教堂手法的基础上,创造性地设计了鼓座,使得穹顶完全暴露出来,成了整个佛罗伦萨市轮廓线的中心。在西欧这是史无前例的,因此,它完美展现了文艺复兴时期的独创精神。最后,这座穹顶在结构和施工上都具有首创性,它是文艺复兴时期科学技术普遍进步的标志。

14 世纪和 15 世纪初,行会工匠是意大利文艺复兴运动的主力军,城市中的学校、市政厅、市场、育婴院等是主要的建筑区。这类建筑重新采用了柱式结构,构图虽活泼,但缺乏严谨。它们只强调对沿街立面刻画,继承了中世纪市民建筑的一些特色。1419 年,伯鲁乃列斯基设计建造了一座育婴院。整个建筑大体上为一个围合在一起的四合院,正面有长长的券廊,风格轻快明朗。

4.18 世纪下半叶至 19 世纪上半叶的西方建筑

(1)古典复兴建筑。法国是提倡古罗马风格的国家,为了在英法战争中与之对抗,英国开始提倡和借鉴希腊的风格。希腊崇尚古典建筑的形体简单和纯洁高贵,主张重新发现爱奥尼克柱式的华丽优美和多立克柱式的粗犷美。

希腊复兴发端于英国,随即在欧洲大范围兴起,后来又传到美国,前后延续了近 30 年的时间。由汉密尔顿设计的爱丁堡中学是希腊复兴后兴建的第一座建筑。此外，英国的大英博物馆、奥地利维也纳的国会大厦以及美国的海关大厦和市政厅等都是希腊复兴的重要作品。

大英博物馆的正面中央借鉴了古希腊神庙的形式，由 44 根爱奥尼克式柱构成柱廊，这 44 根爱奥尼克式柱不论是尺度还是比例都严格按照着雅典卫城上伊瑞克提翁神庙的柱式的比例尺度。整个大英博物馆建筑宏伟壮观，真正体现了古希腊建筑的纯净(图 2-2)。

图 2-2　大英博物馆

(2)浪漫主义建筑。19 世纪 30—70 年代，浪漫主义发展到顶峰，浪漫主义又被称为哥特复兴，英国和德国的浪漫主义建筑最具代表性，其中，英国的白金汉宫堪称最著名的浪漫主义建筑。

白金汉宫的外立面使用了大量的哥特风格的小尖塔，由此决定了白金汉宫的外观特征。白金汉宫的规模宏大，矗立在风光秀丽的泰晤士河沿岸，建筑整体长 285m，内部包括 100 多处楼梯，1100 多个房间。在白金汉宫周围，环绕着西敏寺和众多高高低低的塔，它们与白金汉宫一起，形成了丰富的建筑群轮廓线。白金汉宫的屋顶采用当时新兴的铁质结构，充分体现了英国建筑材料的巨大进步。在浪漫主义建筑范畴中，白金汉宫堪称最典型也是规模最大的建筑。

(3)折中主义建筑。折中主义又称集仿主义，兴起于 19 世纪上半叶，19 世纪末 20 世纪初在欧美盛行。它的出现主要是为弥补浪漫主义和古典主义在建筑表现上的不足，对建筑史的各种风格进行任意模仿，或将各种不同样式进行自由组合。

折中主义没有固定的规律和风格，主要做的就是权衡与推敲建筑的比例，深入探讨建筑的形式美，还仅仅局限在古典主义的范畴内。折中主义兴起于法国，后来转向美国，持续影响了欧美国家很长时间。

巴黎歌剧院占地面积约 $11400km^2$，可同时容纳 2160 名观众，它是折中主义的代表作品，对欧洲产生了很大影响。整个建筑的立面同时运用了文艺复兴的帕拉第奥手法、巴洛克手法以及洛可可手法。建筑正立面的第一层是拱廊，用象征舞蹈、音乐和诗歌等艺术的雕刻作为装饰，第二层是科林斯式双柱廊，高 10m。在现代建筑未兴起之前，巴黎歌剧院曾是世界上规模最大、装饰最华丽、功能最完善的剧院建筑(图 2-3)。歌剧院的内部装饰十分精美，如著名的巴洛克风格的大楼梯间，使用了来自世界各地的名贵石材和金属作为装饰，十分奢华。

图 2-3　巴黎歌剧院

二、亚洲建筑设计的发展

(一)缅甸的宗教建筑

缅甸信奉佛教，修建于 7—8 世纪的庙宇大多仿照印度婆罗门教的建筑风格，11 世纪又在首都巴根修建了许多佛寺，现存比较完整有明迦拉赛底塔和纳加戎庙。明迦拉赛底塔的台基就有四层，塔身分为基座、塔身、顶子三部分。基座为圆锥形；塔身为鼓形，顶子为向上的圆锥。圆形的塔和方形的台基既对比又统一，在方形台基的四个角上，分别有一个与中央大塔形式相同的小塔，在小塔的映衬下，大塔显得更加庄严。纳加戎庙的塔呈锥形，建在神堂顶上，在建筑山墙上还有圆锥形的小尖塔。

新都仰光于1768—1773年间修建了大金塔(图2-4)。大金塔坐落于仰光北面冈亚湖畔的山岗上,是砖砌的实心窣堵波,从外面看呈铃形。相传是为了珍藏释迦牟尼的八根佛发而建立的。该塔历经多次整修,到18世纪,大金塔高113m,全身贴满金箔,基座周长413m,基座周围围绕着64个同大塔形式一样的小塔。大金塔的整体轮廓柔和,上下浑然一体。塔顶为金制的华盖,系有千余个金银铃铛,耀眼夺目。仰光大金塔、印度尼西亚的婆罗浮屠和柬埔寨的吴哥窟并称为"东南亚三大古迹",再加上印度的泰姬陵和中国的万里长城,统称为"东方五大奇观"。

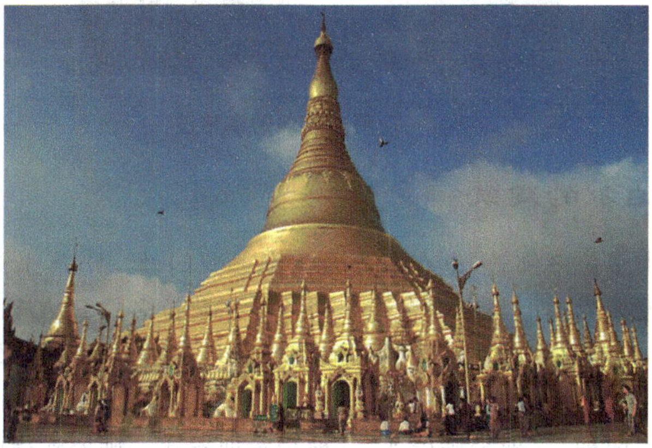

图2-4 仰光大金塔

(二)泰国的宗教建筑

泰国的宗教建筑以挺拔为主要特征,台基、塔身、圣骸堂和塔顶等几部分的形制与缅甸塔类似。不同的是,泰国宗教建筑轮廓清晰,交界处处理得明了干脆,具有很强的几何感。

阿瑜陀耶有三座建造于16世纪的窣堵波,都用来作为国王的陵墓。塔体表面洁白光洁,呈钟形,其上为尖端朝上的圆锥体。塔的正面有门廊,门廊上有小圆锥塔作为装饰。塔体和圆锥顶子之间的圆柱体即为圣骸堂。除这三座之外,阿瑜陀耶还有许多窣堵波(图2-5)。

泰国首府曼谷也有许多遗存的窣堵波,塔身贴有金叶,塔体小而塔基大。由于受到中国岭南建筑的影响,泰国的庙宇建筑的屋顶多为两坡形式,多用华丽的木雕作为装饰元素。

图 2-5　阿瑜陀耶的窣堵波

（三）尼泊尔的建筑

尼泊尔人大多信奉佛教，也有部分人信奉婆罗门教。坐落于首都加德满都的萨拉多拉窣堵波在形式上与印度存在一些差异。萨拉多拉窣堵波的半球体四面设有假门，还在半球体的平台上修建了一座高塔。塔身的外轮廓呈曲线，由 13 层扁方体形成，扁方体呈逐层内缩形式，其上有华盖。根据屋顶造型的不同，尼泊尔的宗教建筑可分为两种，一种是佛塔式，一种是希诃罗式。佛塔式指的是源于窣堵波的多层佛教建筑形式，公元 2 世纪，为了保存佛舍利，迦腻色迦一世在白沙瓦建造了一座多层佛塔建筑，这是现在所知尼泊尔最早的佛塔式建筑；希诃罗式指的是在印度北部流行的印度教建筑形式，这种神庙在屋顶上修建有曲线形的高塔。

尼泊尔的婆罗门教庙宇与印度北部庙宇相似，有高耸的塔，没有门厅，神堂呈方形，西面都设门，平台呈十字形。由于地理位置临近，因此尼泊尔建筑与我国西藏建筑间相互影响，有相通之处。

（四）日本的建筑

中古日本建筑可进行如下划分：

(1)早期(6 世纪中叶到 12 世纪)：即飞鸟、奈良、平安时代。

(2)中期(12 世纪到 16 世纪中叶)：即镰仓幕府、室町幕府时代。

(3)近期(16 世纪中叶到 19 世纪中叶)：即桃山、江户时代。

下面简要介绍日本这三个时期建筑的发展特征。

1. 早期

佛教传入日本是在6世纪中叶。随着佛教的传入，中国南北朝与隋唐的建筑风格与技术也随之传向了日本。日本的建筑活动受到了来自中国的影响。神社是神道教进行礼拜的场所，日本遍布着大大小小很多神社，每个神社都有一个类似牌坊的“鸟居”，用来划分尘世与圣区。古代的神社，主要模仿当时比较讲究的居住建筑进行建造，这一点同世界各地大多数早期宗教建筑物一样。在观念上，神社是用来供奉神灵的，是神灵的起居之地，人们多以自己的生活为参照进行揣摩；在建筑上，还没有发展到要为神社独创一种特有的形制。但神社的性质一经定型，就很难再有变动，为了显示对神灵的尊敬，神社在千百年来的重修整饬中，仍保留着原状。

在飞鸟时代，佛寺的布局与形式较为多样。飞鸟时代，佛教自百济传入，相应的，佛教建筑也传入了日本。6世纪末，日本已经有了许多佛教寺院，位于大阪外围难波地区的四天王寺是其中规模最大的一个(图2-6)。

图2-6　四天王寺

到了奈良时代，日本建筑风格逐渐统一，表现为既有中国唐代建筑的明显特征，又逐渐向日本建筑风格过渡。这种过渡到平安时代基本完成，在佛寺中出现了有日本特色的“和祥建筑”，在贵族府邸中形成了“寝殿造”。“寝殿造”的基本形制为：中间为正屋(寝殿)，两侧为配屋，配屋连接开敞的游廊(渡殿、透渡殿)，前面是池沼。还有一些复杂的，在配屋外侧伸出连接池沼的廊庑。“寝殿造”大体上呈左右对称的形式(图2-7)。

图 2-7 “寝殿造”基本形制

东大寺(图 2-8)是奈良时期规模最大也是最重要的佛教建筑,743 年由圣武天皇下令建造。东大寺的主殿曾数次遭到焚毁,现在的主殿建于 1706 年,规模仅为原先的三分之二,室内保持了中世纪奈良的宏大风格,气象不凡。

图 2-8 东大寺

2. 中期

12 世纪之后,地方势力逐渐兴起。在镰仓幕府和町室幕府时代,宫殿、佛寺、神社、府邸等在全国范围内得到推广。住宅府邸中出现了简化后的“寝殿造”,即“主殿造”,还出现了“书院造”,即在居室旁边另设一屋作为书房,供僧人和武士使用。

“主殿造”于 12 世纪末兴起。当武士阶层掌握国家政权后,府邸的形制就发生了巨大变化。原先的寝殿造格局被抛弃,寝殿平面不再对称,结构更加复杂。用推拉隔扇或障壁对寝室进行分隔，划分出卧室、起居室、餐厅、书房、储物间等，各个空间是相通的。主殿造是一种过渡形制，平面紧凑，也称“武家造”。

“书院造”是在“主殿造”的基础上发展而来的，到16世纪成为定式。“书院造”式的住宅包括若干房间，最主要的为“一之间”，“一之间”的地板要比其他房间的地板高出一部分，正面墙壁划分为两个壁龛，左边略宽于右边，左边叫“床”，右边叫“棚”。左侧靠着“床”有一龛名为“副书院”。右侧墙上是开向卧室的门称为“帐台构”，共四大扇，中央两扇可推拉。“床”龛正面墙上常挂中国式的卷轴书画，地上陈设香炉、烛台和一对花瓶。

以前的“副书院”都是外凸开窗，是方便人读书的地方，后来逐渐演变为装饰陈设。只要具备“一之间”的房子，都可以称之为“书院造”，规模较大的府邸一般由几幢房子组成，都可以设“书院造”。

3. 近期

16世纪以后，城楼和府邸成为主要的建筑类型。在战争中兴建起来的城堡到江户时代已经演变为地方的政治与经济中心。城郭上建有城楼，一是用于彰显统治者威严，二来是用于防卫敌人入侵。城市中的人开始根据自己的身份等级修建属于自己的府邸。此外，中国茶道传入日本，成为日本贵族和武士阶层生活中的一项重要内容。茶室一般借用民居的落地窗、泥墙草顶，辅以桌凳、灯笼、树木等作为装饰，称为“草庵风茶室”。这样，住宅中出现了“书院造”和“草庵风茶室”混合格调的“数寄居”。现在，日本的住宅建筑仍然受到“数寄居”的影响。19世纪以后，明治天皇掀起明治维新运动，日本建筑逐渐接受西方的影响。

第二节 中国建筑设计史

一、中国古代建筑的发展

（一）原始与先秦时期建筑（公元前221年以前）

据史料记载，中国原始建筑主要有两种构筑方式，一是“构木围巢”的“巢居”，二是“穴而处”的“穴居”。这两种原始的构筑方式，既有“下者为巢，上者为营窟”（地势低下而潮湿的地区作巢居，地势高上而干燥的地区作穴居）的记载，也有“冬则居营窟，夏则居橧巢”的记载，这体现了地势的不同和季节环境的不同制约着原始的建筑方式。[1] 原始建筑遗迹显示，中国早期建筑存在“巢居发展序列”和“穴居发展序列”，前者经历了由单树巢、多数巢向干阑建筑的演变；后者经历了由原始横穴、深袋穴（竖穴）、半穴居向地面建筑的演变（图 2-9）。

夏朝是中国第一个王朝，它的建立标志着中国进入了文明时代，掀开了奴隶社会的历史。

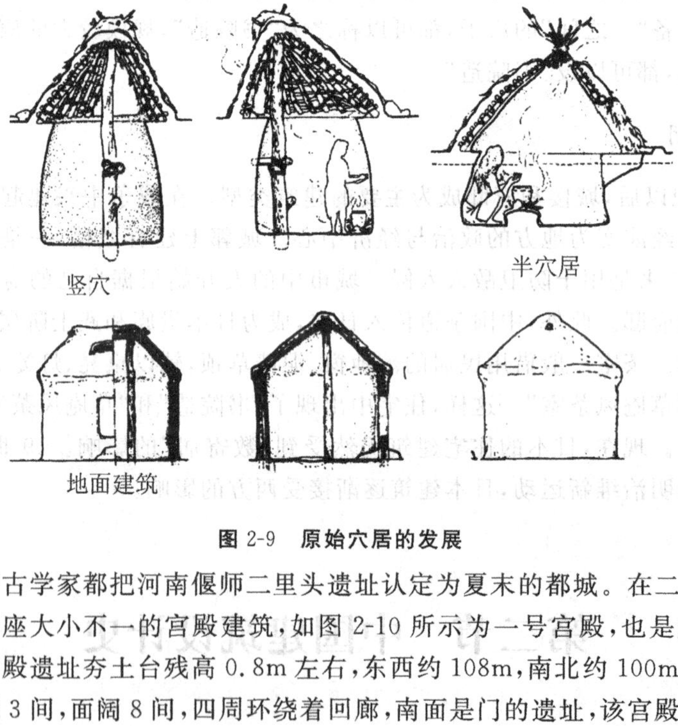

图 2-9　原始穴居的发展

很多考古学家都把河南偃师二里头遗址认定为夏末的都城。在二里头遗址中发现了数十座大小不一的宫殿建筑，如图 2-10 所示为一号宫殿，也是规模最大的一个。该宫殿遗址夯土台残高 0.8m 左右，东西约 108m，南北约 100m。夯土台上的殿堂进深 3 间，面阔 8 间，四周环绕着回廊，南面是门的遗址，该宫殿遗址大体呈现了我国早期庭院的面貌。在遗址中没有发现瓦件，说明当时的建筑仍为茅草屋顶，并处于以夯土为台基的“茅茨土阶”形态。

---

① 吴薇. 中外建筑史[M]. 北京：北京大学出版社，2014.

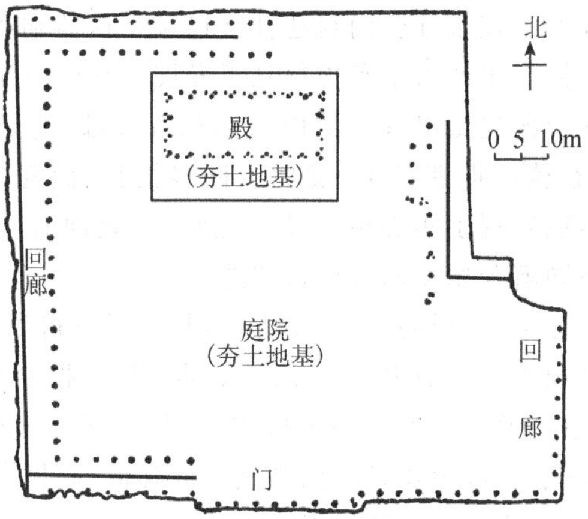

图 2-10 河南偃师二里头一号宫殿遗址

陕西岐山凤雏村的早周遗址是西周最具代表性的建筑遗址。考古学家们通过遗址概貌和可考证的资料,复原了岐山凤雏遗址(图 2-11)。从复原图可以看出,岐山凤雏遗址由二进院落组成,是一座相当严整的四合院式建筑。影壁、大门、前堂、后室位于一条中轴线上。用廊子将前堂与后堂连接起来。门、堂、室的两侧是厢房,整个庭院被围合成一个封闭的空间。庭院的四周有廊檐环绕。在房屋基址下还设有排水设施,防止院内积水。此时的屋顶已经为全瓦结构。岐山凤雏遗址东西为 32.5m,南北约 45.2m,建筑规模不能称为大,但是我国已知最早的、格局最严整的四合院。在该遗址中发现了一万七千余片筮卜甲骨,由此可以推测此处为宗庙遗址。

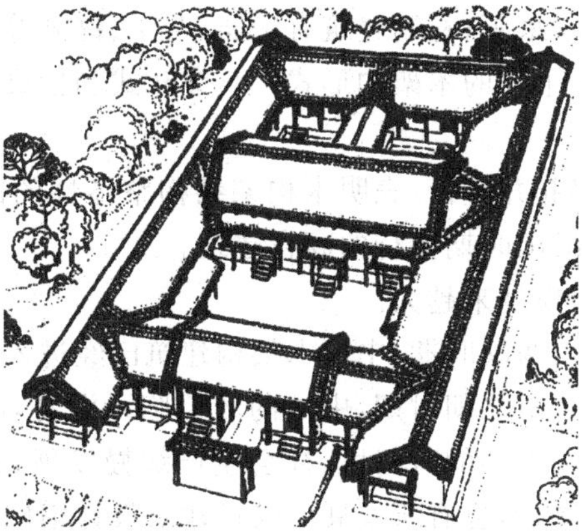

图 2-11 陕西岐山凤雏村西周建筑遗址的复原鸟瞰

春秋时期，中国开始由奴隶社会向封建社会过渡。铁器和耕牛的使用，大大提升了人们的生产效率，社会生产力水平也得到了发展。在建筑领域，瓦开始得到普遍使用，高台建筑也称台榭建筑出现。从山西侯马晋故都、河南洛阳东周故城、陕西凤翔秦雍城等地的春秋时期遗址中，发现了许多板瓦、筒瓦、半瓦当及全瓦当。在凤翔秦雍城遗址中，还发现了实心砖以及质地坚硬、表面有花纹的空心砖，这说明从春秋时期开始，中国就开始使用砖进行建造。

到了战国时期，社会生产力得到进一步提高，封建经济得到稳步发展。在春秋战国以前，城市仅仅是奴隶主诸侯进行统治的据点，手工业主要为奴隶主贵族服务，商业并不发达，城市规模也不大。到了战国时期，由于手工业和商业的进一步发展，城市规模也逐渐扩大，城市建设走向高潮。齐临淄、赵邯郸、燕下都等都是当时著名的工商业大城市及诸侯统治的据点。

（二）秦汉及魏晋南北朝建筑（公元前221—公元589年）

公元前221年，秦统一六国，建立了中国历史上第一个封建制国家。秦国成立之初，十分重视改革，实施了一系列巩固中央政权的政策，而且集中全国的人力和物力，在都城咸阳大兴土木，修建了规模宏大、气象不凡的建筑，如阿房宫、骊山陵等都是秦王朝的重大建筑成就。

公元前206—公元220年的两汉是中国古代第一个中央集权的、强大而稳定的王朝，当时封建社会仍处于上升时期，经济的繁荣推动了城市的发展与建筑的进步，由此出现了我国建筑发展史上的第一个高潮，主要有以下几点表现：

首先，中国古代建筑的基本类型形成，居住建筑有宅第、中小住宅、坞壁等；皇家建筑有宫殿、苑囿、陵墓等；礼制建筑有宗庙、明堂、辟雍等。

其次，出现了两种主要的木架构形式——穿斗式和抬梁式，还出现了类型多样的斗拱形式（图2-12）。

再次，多层重楼兴起并盛行，表明木构架结构整体性的巨大发展，独立的多层木构阁楼取代了春秋战国时期盛行的高台建筑。

最后，建筑群组规模越来越大。

以上这些都表现出两汉时期，中国木架构建筑已经进入体系的形成期。

从东汉末年到魏晋南北朝时期，中国的政治陷入混乱，战争频发，长期处于分裂状态。在这长达300多年的时间里，社会生产缓慢发展，在建筑方面，主要还是对汉代建筑成就的借鉴，但也有所发展。汉代建筑设计中广泛运用木架构，砖石建筑和拱券结构有了很大发展，还有许多砖石建筑遗址留存下来，为建筑史研究提供了极其珍贵的原始资料(图 2-13)。

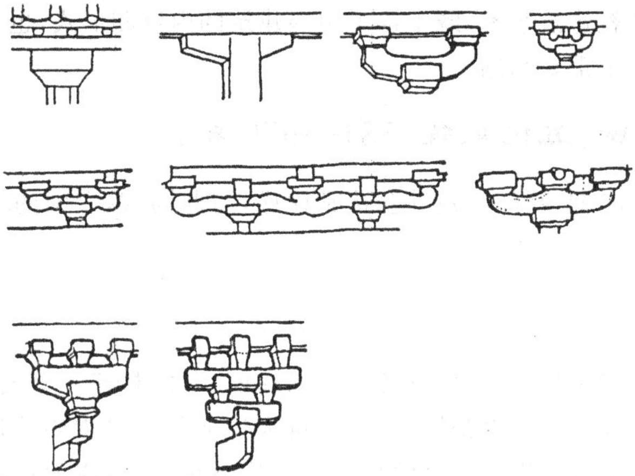

图 2-12　汉代斗拱的形式

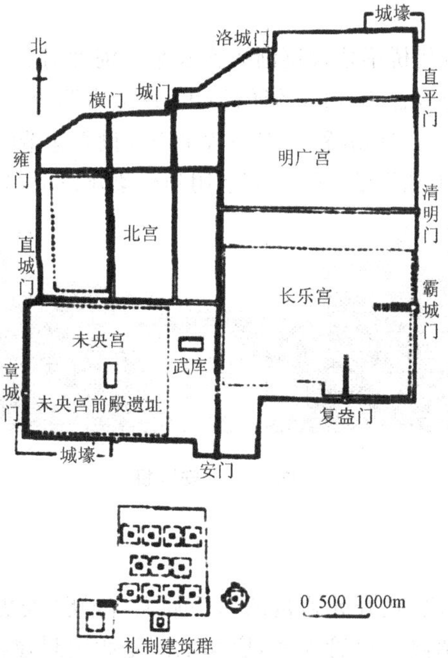

图 2-13　汉代长安城遗址平面示意

魏晋南北朝时期，中国社会上出现了一次民族大融合，民族融合给城市建筑带来了一些影响，游牧民族统治者按照汉族人的城市规划、结构体系和建筑形象进行建造，并且出现了佛教和道教建筑等新的建筑类型，这些宗教建筑吸收了西域、印度和建陀罗的佛教建筑艺术，既丰富了中国建筑的内容和形式，也为后来隋唐建筑的巨大发展奠定了重要基础。

（三）隋、唐、五代建筑（581—979 年）

至隋、唐、宋时期，我国封建社会达到鼎盛，与此同时，我国的古代建筑也进入成熟期。

1. 隋朝

隋朝结束了我国战乱频繁、分裂对立的局面，我国封建社会的经济、技术和文化也得到了很大发展。建设都城、开凿京杭大运河是当时主要的建设活动。隋朝兴建的大兴城和东都洛阳城及宫殿苑囿经唐代继承发展，成为我国古代严整的方格网道系统城市规划的范例。隋唐大运河的开通沟通了南北经济和文化，促进了社会的繁荣与进步。

隋唐时期，我国古代桥梁建设逐渐兴盛起来。河北省赵县城南洨河上的安济桥建于隋代大业初年，至今已有 1400 年的历史，建造者为李春、李通等。赵县古称赵州，因此安济桥又被称为“赵州桥”。安济桥是当今世界建造时间最早、跨径最大的单孔敞肩石拱桥。将拱上加拱的“敞肩拱”运用到桥梁建设中，为世界首创（图 2-14）。

图 2-14　安济桥

2. 唐朝

唐朝开创了贞观之治、开元盛世的繁荣局面，经历“安史之乱”之后，昔日的繁荣不复，走向衰弱的道路。尽管如此，唐朝依旧是我国封建社会经济和文化最为繁荣的时期。建筑方面的成就也十分卓著。

在这个时期，主要建筑成就包括以下几个方面的内容：

（1）建筑规模宏大，规划严整。

(2)建筑群体处理愈趋成熟。

(3)木建筑解决了大面积、大体量的技术问题,并已定型化。

(4)设计与施工水平提高。

(5)建筑艺术加工真实而成熟。

(6)砖石建筑有了进一步发展,如唐代的砖石塔、石窟。

3. 五代十国时期

五代十国时期,中国社会分裂,小国林立。此时,经济发展缓慢,主要是继承唐代的建筑成果,创新不足。只在长江中下游的南唐、吴越、前蜀等地有所发展,影响了北宋后期建筑的发展。

中国佛教在隋、唐、五代时期得到了重要发展,此时佛教逐渐走向了中国化,佛教寺庙不仅是宗教活动的中心也是市民的公共文化中心。从平面布局来看,佛寺主要以殿堂门廊等组成,以庭院为单元的组群形式,殿堂是全寺的中心,佛塔主要位于后面或两侧位置,还可以置于大殿或寺门之前。

(四)宋、辽、金、元建筑(980—1368年)

1. 宋

北宋时期,在吸收齐鲁和江南文化的基础上,结合汴梁地区的传统,创造了秀丽、柔美的北宋官式风貌;南宋建筑又在北宋建筑的基础上,结合了江南地方传统,展现出绚丽、精致、小巧的风格特征。从总体上来看,宋代建筑没有继承唐代建筑的雄大与豪迈,而是走向了精细、柔和的方向。隆兴寺是典型的宋代寺院建筑(图2-15)。

图2-15　隆兴寺

宋朝虽然政治和军事上较为软弱，但是城市经济和工商业十分发达，因此建筑水平也达到了一个新的高度。主要建筑发展成就如下：

(1)城市结构和布局发生了根本变化。

(2)木架建筑采用了古典的模数制。

(3)建筑组合在总平面上加强了进深方向的空间层次，以衬托主体建筑。

(4)建筑装修与色彩有很大发展。

(5)砖石建筑的水平达到新的高度，主要表现为佛塔、桥梁的建造。

(6)园林兴盛。

2.辽

辽代建筑广泛吸收了唐代北方的建筑特征和技术，建筑工匠也多为汉族人，因此较多地保留了唐代建筑的手法，继承了唐代建筑的浑厚与雄健。研究留存至今的辽代建筑可以看出，其大木、装修、彩画甚至是佛像都体现了这种风格。

3.金

金朝的建筑不仅受到辽代建筑的影响，也受到宋朝建筑的影响。女真族建立的金朝统一中国北方地区后，广泛吸收了宋辽文化，逐渐与汉族融合。因此，金代的建筑既有辽代建筑的影子，又有宋代建筑的风骨。金代统治者追求奢侈，因此非常注重对建筑进行装饰，打造富丽堂皇的效果。例如金中都的宫殿中有许多用绿琉璃装饰的屋顶，用汉白玉打造的栏杆。

4.元

元朝是由游牧民族建立并统治的。在他们的统治下，曾经灿烂辉煌的封建经济和文化受到极大摧残，建筑发展处于停滞状态。元代统一全国，虽然接受了宋代和金代的建筑传统，但从规模和质量上来看，远不及两宋，尤其在北方地区，许多构件被简化。但这种简化带来的不只有消极的后果，也在一定程度上简化了两宋繁多的装饰流程，节省了木材，还使木构架进一步加强了本身的整体性和稳定性。

元代在建筑上最重要的发展就是推动了喇嘛教建筑的兴盛。这是因为统治者信奉宗教，这就为宗教建筑的发展提供了条件。除喇嘛教建筑外，来自中亚的伊斯兰教建筑也得到了发展，富有中国特色的伊斯兰教建筑形式开始出现。

(五)明清建筑(1368—1911年)

到了明代，手工业和商业进一步发展，对外贸易频繁。明代的宫苑和陵寝追求宏大的规模制式，明末出现了一本总结造园经验的著作——《园冶》。到了清代，离宫别苑发展更甚，不论是数量还是质量，都超过了前代。明清时期还在都城内修建了许多大型的坛庙建筑，地方上也兴起建造祠庙、牌坊和碑亭的热潮。

明太祖朱元璋定都南京后，就着手修建南京城。明南京城周长 37140m，比北京城规模还要大（图 2-16）。明南京城始建于元至正二十六年（1366 年），于明洪武十九年（1386 年）竣工，历时二十一年。城墙以条石砌基，巨砖砌身，城砖都用优质黏土和白瓷土烧成，每块重 10～20kg。砖上还印有制砖府县和烧砖人的姓名及年月日。以糯米浆拌石灰作黏合剂，极其坚固，至今尚有 20km 城墙完好地保存下来。

图 2-16　明南京城

1. 明清的宫殿建筑

北京故宫是明清两朝的宫殿。明成祖于 1407 年下令建造故宫，征集了几十万民工和军工，以南京宫殿为蓝本，历时十几年建成了这座规模宏大的宫殿群（图 2-17），“规制悉如南宫，而高敞壮丽过之”，清入关后，沿用明代故宫，在保证整体格局不变的前提下，对故宫进行了增减和重建。

图 2-17　故宫

2. 明清的城市规划

在城市规划上，明清的最大成就就是在元大都的基础上建立了北京城。图2-18为北京城址变迁图。城大体呈矩形，在矩形的每个角上都建有华丽的角楼。宫城（紫禁城）是明清两朝皇帝听政和居住的场所。明清北京城的布局是皇权至高无上的封建专制思想在建筑布局上的体现。

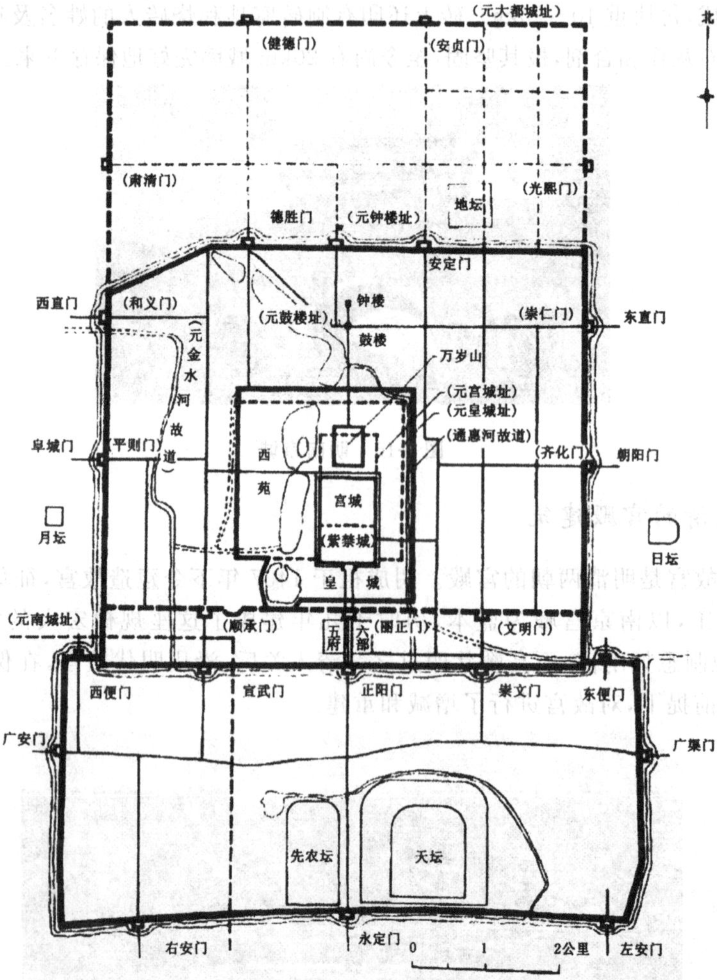

图 2-18　北京城址的变迁

明清北京城的内城沿用了元大都棋盘式的道路网，街道沿正南北方向或正东西方向延伸。而外城除了个别的地段进行了整齐的规划外，其余都沿用了旧路或废弃的沟渠。

明清北京的居住区，以胡同划分为长条形的住宅地段。北京的胡同多为东西向延伸，胡同南北两侧为四合院住宅，居住环境十分宁静。

在城市布局艺术方面，北京城的布局主次分明，重点突出，强调对称。它继承了元大都的传统，在布局方面运用了中轴线的手法，城内所有的宫殿和重要建筑都沿这条长 7.5km 的中轴线分布。这条重要的中轴线始于南段外城的永定门，止于内城正门的正阳门。明清故宫建筑并不是一成不变的，而是在统一中寻求变化，是中国古代建筑艺术成就的集中体现，是我国也是世界上优秀的建筑群之一。

3. 明清的住宅建筑

（1）明代住宅。明代的住宅中最具代表性的当属安徽徽州的住宅。古代徽州人选择村址时非常讲究风水，经常将住宅建造在山腰、山脚等地势地平的位置，村镇大多分布在依山傍水、藏风之处（图 2-19）。

图 2-19　徽州住宅

（2）清代住宅。北京四合院是由元大都的住宅形制演变来的，是北方地区院落式住宅的典型代表。至清代，北京四合院发展到巅峰。北京四合院的主要特征是院落布局分为两进、三进、四进、五进几种。规模较大的住宅可以沿轴线在纵深方向增加院落，也可以在左右方向平行增加跨院，还可以建造花园（图 2-20）。

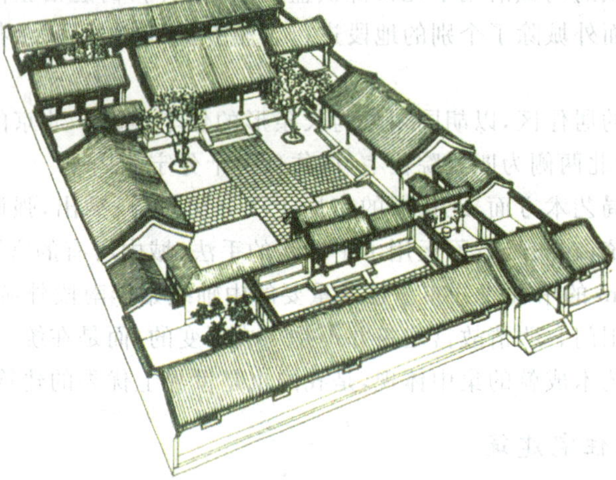

图 2-20　四合院鸟瞰

二、中国近代建筑的发展

（一）19 世纪中叶到 19 世纪末

在 19 世纪中期到 19 世纪末期这半个世纪里，中国的城市和建筑都发生了巨大的变化。主要表现在：出现了一些通商口岸和租界，这些地方成为城市的“新区”。在“新区”内，逐渐出现了银行、洋行、商店、外国领事馆、工厂、饭店、教堂、游客场所、花园洋房等。这些新出现的建筑大多为砖木结构，有一层的，也有两层的，带有浓厚的“殖民地式”和西方古典式的风格。还有一些西方古代建筑风格的建筑，如教堂。上海徐家汇天主教堂就是哥特式的建筑，董家渡的天主教堂是典型的巴洛克式风格建筑。

在 19 世纪末期以前，中国的西式建筑数量并不多，而且规模也不大。但这是一个突破，自此以后，西式建筑在中国得到大规模发展。

（二）19 世纪末到 20 世纪 20 年代末

19 世纪 90 年代左右，世界上主要的资本主义国家先后进入了帝国主义阶段。中国被划入世界市场。为了在中国获取更多的利益，各帝国主义国家竞相加强对中国的投资，纷纷在中国开矿设厂，并且掌握了中国的铁路建造权，帝国主义的魔爪随着铁路的修建伸向了更广阔的中国领土。青岛、大连、哈尔滨分别被德、俄、日侵占。帝国主义国家在中国领土上攫取了大量的利益，还将本国的文化特色输入了中国，强烈冲击了中国几千年来的传统建筑体系。

尽管辛亥革命推翻了中国封建王朝的统治，但随即帝国主义支持的大地主、大军阀和大资产阶级相互割据，如一盘散沙。在思想文化领域，洋务派和改良派主张的“中学为体，西学为用”曾流行过一段时间。新文化运动时期，激进的民主主义者提倡民主，对抗当时出现的“尊孔”“复古”思想，用自然科学挑战封建礼教。甲午战争之后，民族资本主义得到初步发展，第一次世界大战期间，迎来了民族资本主义发展的“黄金时代”，商业、金融业和轻工业都得到一定程度的发展，近代建筑材料如玻璃、水泥等的生产能力也得到提升。国内开始重视对土木工程的教育，培养了许多优秀的建筑人才，建筑施工技术大大提高。此时的建筑设计仍为洋行所掌控。

这一时期，近代建筑活动越来越活跃，许多新的建筑类型在此时出现，如政府行政建筑、进行商业活动的建筑、交通设施、教育场所等。在城市中，由于人口的集中和房产地产的商品化，里弄住宅数量明显增加。多层建筑开始出现，钢结构逐步得到推广，钢筋混凝土也初步得到应用。在建筑形式方面，仍然保留着欧洲古典主义和折中式的面貌，只有很少一部分建筑展现了比较新潮的样式。

（三）20 世纪 30 年代末至 40 年代末

1937—1949 年，受到战争的影响，中国的建筑活动基本处于停滞的状态。内陆地区的成都、重庆等位于抗战的大后方，尽管处在战争时期，其人口数量和经济仍旧在发展，因此建筑活动也有一定程度的发展。沿海地区的工业纷纷向内陆省份转移，带动了内陆地区经济的发展，为开展建筑活动提供了资金支持。

第三章　建筑组成与设计操作

建筑的组成与设计是相辅相成的，只有深刻了解组成建筑的各部分特征，才能更好地把握整体建筑的设计操作，本章就对建筑组成、建筑设计构想与创意进行研究。

第一节　建筑组成

一、建筑组成部分的分类

从宏观角度来看，墙体、屋顶和楼板构成了建筑的结构框架，并且也被看成是用来对建筑各部分如何合并统一进行解释的一系列细节。建筑各部分最基本的划分依据是各部分在建筑中所处的位置，包括基础、墙身与洞口、楼梯与栏杆、楼板层与地坪、屋顶等五个部分。这些部分一方面对基本的建筑空间进行了围合，另一方面，也对人们基本的使用需求进行了满足。

要应对某种（或多种）建筑中特定的需要解决的问题，则需要提供合理处理建筑各组成部分的不同构造的方式，防噪、防水、围护、保温、防热、通风、采光、隔震等多个方面是其主要表现。墙体、屋面起围护作用，使得自然界对人的侵害被削弱；通风和采光问题通过窗户解决；人们为了获得接近自然的机会，因而设计了阳台；人们在垂直方向上运动的麻烦情况通过楼梯解决；解决人们进出和室内外空间的渗透问题的是门和洞口；对墙面材料开裂起阻止作用的是墙面的分格线。

建筑的外观和形式会受到这些措施的影响。建造建筑材料之间的组织关系通过构造反映出来，排除对基本使用需要的满足这一因素，建筑也可以利用具有特定性的各部分的构造来处理连接材料之间的关系，不但要在构造上保持同一种材料的连续性，而且往往需要组合多种材料，来对不同的使用需求进行满足。

（一）基础

建筑底部与土地接触的承重构件指的就是基础，把建筑上部的荷载传递给地基是它的主要作用。事实上，框架或者承重墙都是由基础所支撑的，这就使得基础必须足够牢固和强大，才能对任何预计的移动很好地承受，并对周围的土地条件进行适应。地质条件等当地状况可以对地面运动产生影响，尤其是在土壤的干燥程度上。同样会对建筑的稳固性产生影响的也包括周围树木或者大型建筑等。

在对基础的类型进行选择时，除了要考虑建筑自身的规模、体量和使用功能等因素，还要对基地所在的地质构造条件进行分析，它将地基的地貌、土壤类型、土和岩石的物理力学性质、水文地质条件、地震带分布等包含在内。现实条件也是必须在施工中考虑的因素，毕竟特殊性是基础工程的基本特点，合理选择适当的基础类型也是非常重要的环节。

刚性基础（又称无筋扩展基础）和柔性基础（又称扩展基础）的划分依据是基础的材料及受力情况。一般用三合土、砖、毛石、混凝土等受拉强度小、受压强度大的刚性材料组成刚性基础，层数较少的轻型厂房或砌体建筑一般常用这种基础。通常用钢筋混凝土材料制成柔性基础，其都有很好的抗压与抗拉性，有较为广泛的使用范围，主要有条形基础、独立基础、箱型基础、筏型基础、桩基础等型式（图 3-1）。

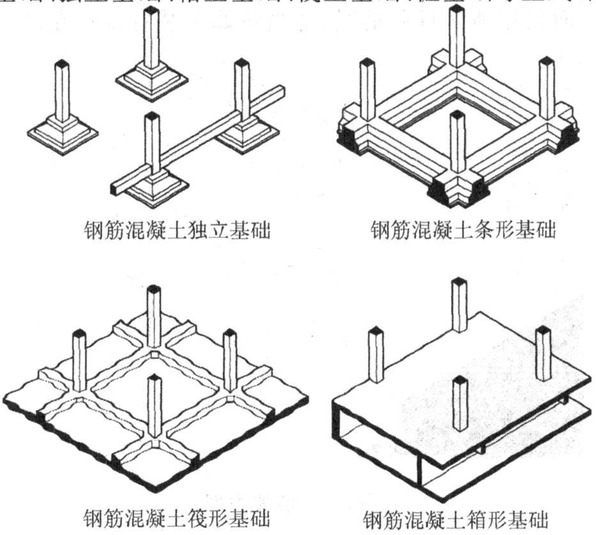

图 3-1　不同类型的基础

对于软弱地基，可用桩基础增强地基的承载力。按照受力状态它可以分为端承桩和摩擦桩，按施工方式可分为预制桩和灌注桩。

（二）墙身与洞口

墙体（图 3-2）是建筑空间的垂直界面，按照所在位置，可以将其分为外墙（有保温要求）和内墙（无保温要求）；按照方向，可以分为纵墙与横墙；按构造做法，可以分为实心墙、空心墙（包括传统的空斗墙）、复合墙；按照受力特点，可以分为承重墙、自承重墙、围护墙、隔墙。

在建筑中不同的墙体起到不同的作用：①承重作用，承受楼地面、屋顶以及各种动、恒荷载；②围护作用，对自然界风、雪、雨等的侵蚀产生抵御作用，降低噪音和太阳辐射；③分隔作用，分隔内部空间，形成差异性；④美观作用，是人对建筑内外形象进行感知的主要界面。伴随逐渐提高的使用要求，复合墙逐渐成为建筑外墙最常使用的材料，在维护和美观性能上有所提高。

联系墙身两侧，尤其是外墙区分建筑内外通路的是建筑外墙上的洞口，包含了窗户、门以及其他孔洞（如换气口等）。外墙洞口是组成围护体系的一部分，其需要满足在封闭时对室内的气候进行保持和隔离室外环境的要求（但窗仍能采光），并且在开启时对出入（门）和通风（窗）的要求进行满足。根据室内发生的光照、活动、视野以及居住者对隐私的需求，随时改变开启大小。还应在外门设置雨棚，可以方便雨雪天出入。而根据地区日照情况，适当将遮阳装置设置在窗洞口。

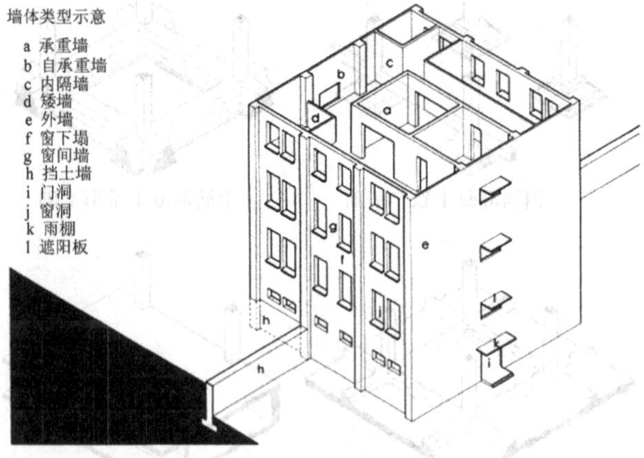

图 3-2 墙体类型

(三)楼梯与栏杆

楼梯(图 3-3)是建筑中联系各楼层空间、实现垂直交通作用的重要构件,具体组成元素为楼梯梯段、楼梯平台。除了以平台、梯段的组合楼梯为根据可以分为直跑楼梯、折跑楼梯等形式以外,还可以以不同的消防等级对楼梯间形式的要求为依据将其分为开敞楼梯、室外楼梯、封闭楼梯和防烟楼梯。针对双向折跑楼梯,需要在两个梯段之间留有空隙,这个空隙叫梯井,从宽度上看,公共建筑的梯井宽度必须大于等于 15cm,休息平台的宽度不得小于梯段的净宽度。而楼梯平台上部的净高应大于或等于 2m,楼梯梯段之间的净高应大于或等于 2.2m。

栏杆是多数楼梯都应设置的围护构件,它的主要作用是保障安全,一般在楼梯梯段和平台边缘处固定。实体和镂空是栏杆的两种形式,实体栏杆又称为栏板,根据不同材料,可以有多种方法制作镂空式栏杆,但考虑到幼儿的安全问题,其镂空宽度必须小于 11cm。一般扶手与栏杆是相结合的,既可以在栏杆顶部设置,也可以在墙上附设,这种称为靠墙扶手(图 3-4)。从踏步前沿开始计算扶手表面的高度,水平段扶手高度不小于 1.05m,梯段内扶手高度不小于 0.9m。扶手高度对于残疾人或幼儿来说相对安全的高度是 0.6m,应根据人的手掌尺寸来确定扶手的断面大小,其高度应在 8～12cm 之间,宽度应在 6～8cm 之间,一般用木材、塑料、金属等材料制成。

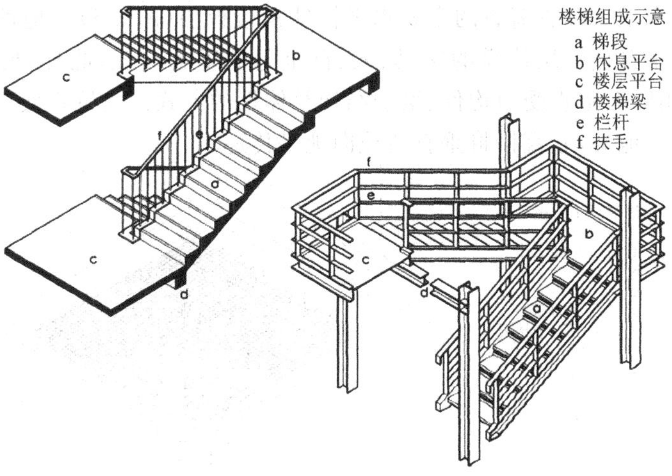

图 3-3 楼梯

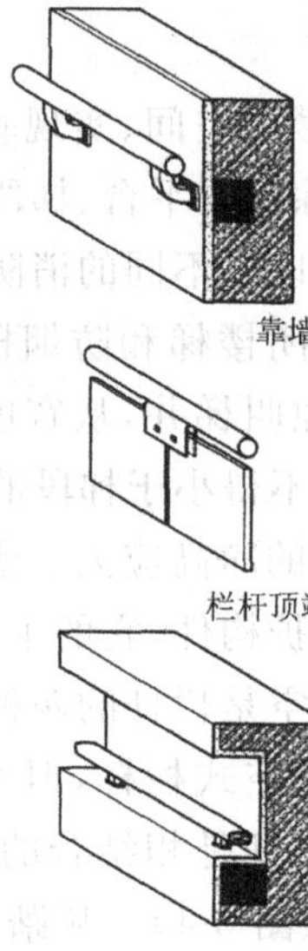

图 3-4　常用扶手形式

（四）楼板层与地坪

建筑内部承载垂直荷载的主要水平构件是楼板层(图 3-5)与地坪。框架梁柱或墙体接收来自楼板层传递的家具、人、自重等的垂直荷载,此外,要抵抗水平荷载,可以利用联系垂直受力构件、增加结构整体性的方式。建筑物底层与土壤相接的水平构件是地坪,它直接将垂直荷载向地基传递。

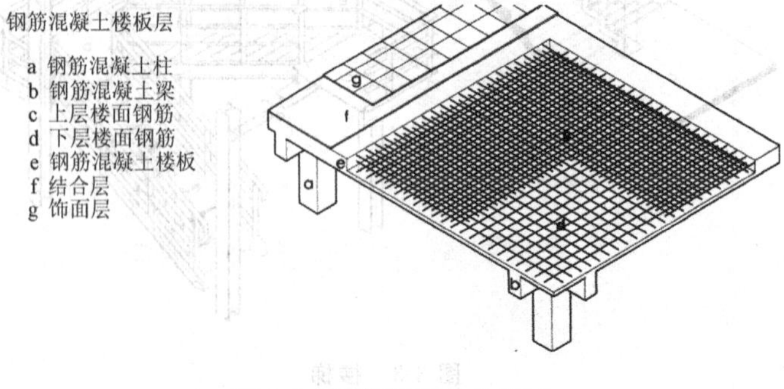

图 3-5　钢筋混凝土楼板层

一般基层和面层是组成楼板层(图 3-6)与地坪的重要元素。因此我们常说的地面和楼面就是地坪与楼板的面层,其中装饰层(使用木地板、地砖等材料)、结合层(通常采用水泥砂浆找平、黏结)是它所包含的组成部分。根据实际情况,有多种可以选择的做法来制成面层,需要满足的要求包括减少吸热、坚固耐久(耐磨、不起尘沙)、隔声降噪等。一些特殊位置的楼面(如卫生间、浴室、厨房、实验室等),以及地面等必须将防水、防潮等问题考虑进去,设计适当的排水坡度,并将防水层增加于填充层上部。基层是楼板层与地坪的差别所在。

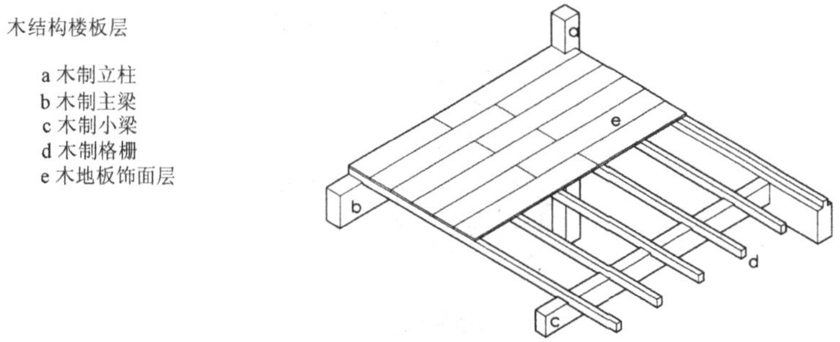

图 3-6　木结构楼板层

结构楼板是楼板层的基层,以使用材料的差异为依据,可以划分成预制钢筋混凝土楼板、木楼板、现浇钢筋混凝土楼板等。在夯实的地基上增加垫层和结构层形成地坪的基层,常采用碎石碎砖或三合土来制作垫层,通常使用 60～80mm 厚的混凝土构成结构层。

(五)屋顶

建筑物最上层起遮盖作用的外围护构件是屋顶,以此来承受雨雪的压力,并使建筑内部同外界环境进行隔绝,使得雨雪、日照、气流、气温等因素不会对建筑内部产生消极影响。由屋面和支承结构组成屋顶,面层(防水和排水)和基层(起坡、传递荷载)是构成屋面的元素,而建筑的支撑体系包含支承结构,不仅能够承担屋面荷载,也经常在屋顶起坡过程中用到。

根据屋面材料的不同,大致可以将屋顶的形式划分为瓦屋顶、钢筋混凝土屋顶、玻璃屋顶、金属屋顶等;又可以根据屋顶坡度形态划分成坡屋顶、平屋顶、薄壳、折板、拱顶、张拉膜等,其中平屋顶与坡屋顶是两大最常见的类型。屋顶的坡度与屋顶形式、屋面材料、结构选型、地理气候条件、经济条件、构造方法等多种因素有关。考虑到平屋顶的安全性问题，同时避免屋顶雨水漫流，应设置女儿墙。坡屋顶的屋顶起坡空间常常被当作阁楼，因而老虎窗、天窗等都会有所涉及，檐部可设檐沟，有组织的排水是通过雨水管进行的。

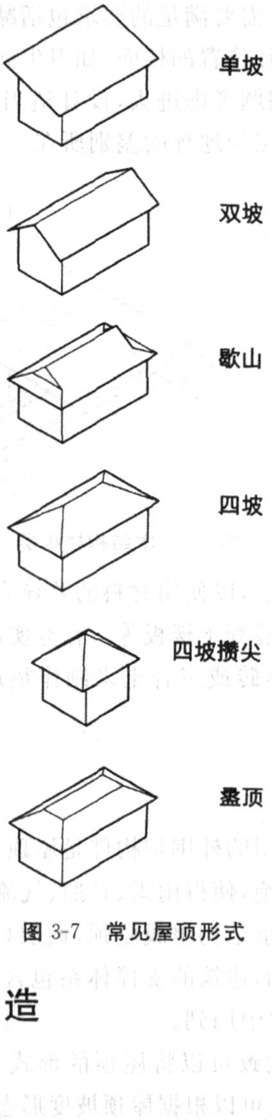

图 3-7 常见屋顶形式

二、建筑的细部构造

(一)概述

通常所指“构造”设计就是建筑各组成部分中的材料交接，对材料的选择是以建筑细节不同部分所要求的具体情况为依据的，并最终在设计过程中将它们拼接到一起。比如，一方面窗户要起到保温作用，另一方面又要承担通风和采光的职责，因而在选择基本材料时，侧重于对铰链、金属窗框、玻璃等的选择。为了将保温性能提高到合格标准，应进一步选择双层中空玻璃；寒冷季节室内容易产生冷凝水，所以在金属窗框中进一步加入内置断桥等处理方式来防止出现此类问题。

首先，建筑师在这个过程中，需要对材料的特性有深刻了解，找到各种材料的长处和优势，组合合理。比如，屋面防水分为柔性防水和刚性防水两种，使用防水卷材可以实现柔性防水，虽然防水性能上防水卷材比较好，并且施工起来比较简易，但在耐久性上却比较差，合理选择的前提是科学认识具体建筑的使用情况。此外，由于日晒容易使屋面防水卷材发生老化，因此为了延长其使用寿命，需要在其上敷设保护层。

其次，对于材料制作加工和建筑施工中的工艺流程、经济性等问题还需要考虑。比如，在对幕墙玻璃的分块大小进行选择时，虽然对于较小的玻璃分块来说，单块的造价比较低，但其也有缺点，比如成倍增加的配套金属框、立面琐碎、工序复杂等；而较大的玻璃分块，同样有不足，会使得单块的造价大幅度提高，并且在施工中损耗较多等。因此，要以实际情况为依据来综合考量。

最后，还需要将构造处理上的形式美观问题纳入建筑细部设计的考虑范围。如不同材料制成的两种交接缝隙，在阴角里被隐藏起来，这样会形成很好的视觉美感。

建筑师经常需要在建筑设计中，对于细部构造中各种材料的位置与交接关系的表达而利用大比例的局部平剖面图，也就是大样图。通常大样图的图纸比例采用1∶5～1∶20，特定的图案可以填充各种材料，同时型号、材料、尺寸、做法等信息可以利用文字形式标示出来。

（二）建筑底部

外墙底部的散水、台阶、排水沟等部分也是构成建筑底部构造的基本元素，它们使建筑稳固性得到保证，并不受雨水侵蚀，方便人员出入。

小型建筑中常见的两种基础形式是砖砌大放脚条形基础和钢筋混凝土锥形基础。为了均匀向下传递上部荷载，以梯形“大放脚”的形式来呈现这两种基础的下部。

在室外地面和建筑墙基的周围，开设外倾斜坡或排水沟用来防水（图 3-8），可以将地面积水快速排出，对建筑基础起一定的保护作用。可以砖砌也可以石砌室外台阶（图 3-9），采用与地坪类似的基层做法。

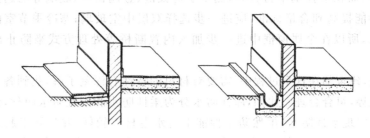

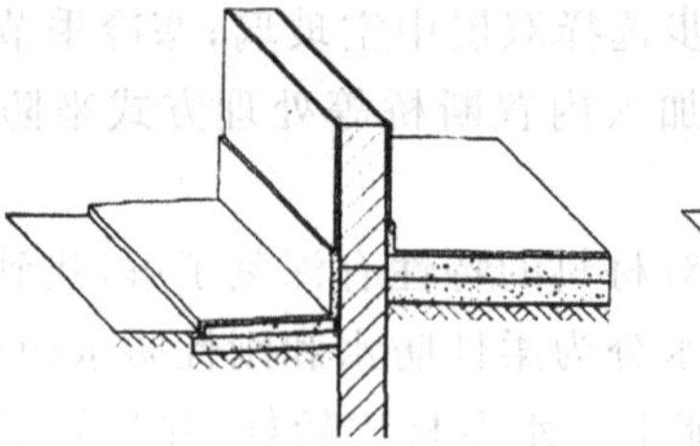

图 3-8　散水与阴沟

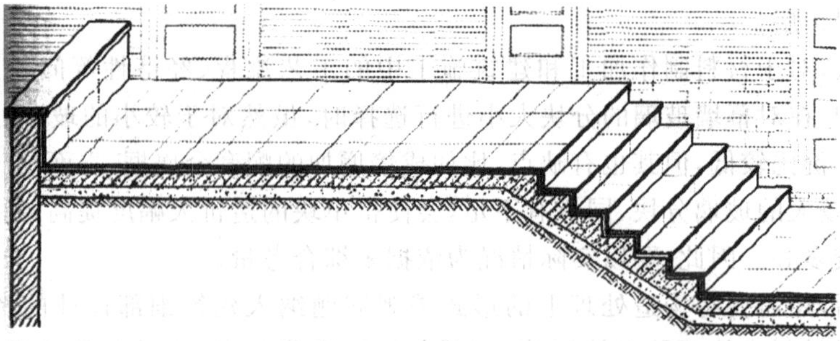

图 3-9　室外台阶

（三）建筑顶部

目前平屋顶是在屋顶形式中应用最广泛的，除了本身具有的结构楼板，其构造中还要增设保温层、结合层、防水层、找平层、找坡层、隔气层等，以满足防水、保温、排水等功能要求，另外应将顶棚设置在结构层之下。

有两个重点问题是平屋顶构造需要解决的：一是防水，二是排水。其中柔性的防水卷材、涂膜材料和刚性的细石防水混凝土或直接使用金属板材屋面，是平屋顶防水所主要使用的材料，对它们的使用应以建筑性质、防水等级等情况为依据。在檐部转折和收头处应对防水层进行加强特殊处理。无组织排水和有组织排水是平屋顶排水的两种类型。雨水由檐口自由下落是在无组织排水的情况下，但有组织的排水是当前多数平屋顶设计会优先考虑选择的，这样建筑受到的雨水伤害会减小很多。有组织排水的两种方式主要是女儿墙排水和檐沟排水。有组织排水宜优先采用排水管设于室外的外排水方式，避免在使用过程中受到可能发生的渗漏的影响，但需要注意的是建筑立面效果是否会受到排水管的影响。某些较高大的建筑以及具有较大屋顶面积的建筑，最常采用的排水方式是内排水，并为了避免渗漏而在室内设置独立的管井。

无论在屋面还是结构形式上，坡屋顶的变化都较多，与平屋顶相比，容易排除雨水，并且避免渗漏的发生，因而能够更加简便地构造面层和维修施工。排除保温层和防水层，可利用机平瓦、小青瓦、压型钢板等构造坡屋顶的面层。

（四）外墙和转折

随着越来越高的使用要求，复合墙在建筑外墙的使用频率越来越高，通过对多种材料的复合使用，使得外墙的多种功能，如维护、保温、美观等得到提高。由内向外分析得出，基层、保温层、外饰面固定层、外饰面层等共同构成了复合墙。建筑的承重结构（梁、柱）和满足基本围护稳固度的填充墙构成了基层。当前在我国，对于外围护墙体材料的选择，很多建筑都利用钢筋混凝土框架结构和混凝土空心砌块构成的基层。保温层作为一种建筑材料，其传热系数比砖或混凝土小很多，并且在自身重量上也轻很多，具有代表性的如岩棉板、挤塑板等，使得一个具有整体性的热传递屏障形成，并将整个建筑包裹起来。用于固定外饰面并将外饰面层的重量传递至建筑承重结构的构件就是外饰面固定层，广泛应用于各种形式挂板的金属龙骨中。建筑外表面的最终观感取决于外饰层，其还能发挥对保温层的保护作用。石材、陶土板、铝塑板、披叠板、饰面砖等是比较常见的外饰面层材料。在设计外挂饰面的过程中，应互相配合来安排饰面的划分与墙身洞口尺寸以及金属龙骨的位置，这为较统一的立面效果的获得，以及备料、施工等环节的进行提供了便利。

通常都需要特别处理外墙的转折（图 3-10）处。比如有些墙角砖的尺寸是会产生变化的，特别是在传统的砖砌墙体，这是为了能够使得砖纹的连续性得到保证，或者采取增加墙角稳固度的石材夹砌方法。在石材挂板饰面的墙角转折处，处理石材时采用梯形切角方法，将连接缝隙弱化，使得石材尖切角易破损的问题得到了解决。

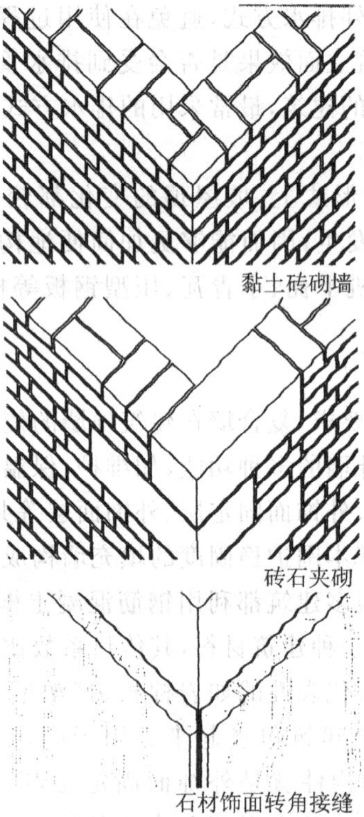

图 3-10　墙体转折

(五)门窗洞口

建筑物中用来采光、通风以及人员物品进出的部分是门窗,一方面门窗构成了围护结构的组成部分,另一方面起很大作用的是建筑物外观。门/窗框与门/窗扇是最主要的两个组成门窗的部分。以窗扇或门窗的开启方式为依据,可以有平开、推拉、折叠、旋转等门窗类型。

下槛、上槛、边框和中框等是组成门窗框的重要部分,与门窗框的断面形状和尺寸有关系的是:门窗扇厚度、门窗扇的层数、企口大小、开启方式和当地风力等。由下冒头、上冒头、棂子、边框等组成门窗扇。在连接墙体时,还需要在门窗框上设置贴脸板、压缝条、披水条、窗台板、筒子板、窗帘盒等附件。

铰链(俗称合页)、插销、窗钩、拉手、铁三角等五金零件构成了门窗。铰链又称合页,分为两种:抽心和固定。它是连接扇与门窗框的构件。关闭门窗扇后,在门窗扇上用插销固定住。窗钩又叫挺钩或风钩，在窗扇开启后，对其进行位置固定。可将拉手安装在门窗扇的中部，方便开关，弓背和空心等是拉手的形式种类。利用铁三角来使窗扇的窗挺和连接上下冒头的部分更加坚固，在门窗上的相关部位安装五金零件需要用到木螺丝。

多数采用木材作为传统门窗的框材，连接形式为榫口。但现在被普遍使用的是金属型材，其具有易加工、坚固、持久耐用等优势。为了使门窗作为外墙保温薄弱环节的问题得到改善，越来越多的金属门窗框材还将断桥的构造处理加入其内部，同时为了降低热辐射和导热性，广泛采用双层甚至三层的中空玻璃、镀膜玻璃，这样就有效避免了室内产生冷凝水的情况，对建筑耗能有所降低。

第二节　建筑设计构思与创意

一、概述

无论有多少具体操作过程被涵盖进建筑设计中，解决特定的设计问题还是其最终目的。优秀的设计作品和方案，不仅要很好地解决问题，还要发挥作为设计师其自身所具有的独特的创造力。因而，建筑设计训练是建筑学专业必须要开设的，并且以如何通过不同的设计操作过程，解决在具体的设计过程中遇到的实际问题为中心。

从拟定计划到建成使用，一座建筑需要经历通常所说的“基本建设程序”：计划审批、基地选定、勘察设计、施工安装、竣工验收、交付使用等步骤。而方案设计、初步设计和施工图设计三大部分又构成了基本的建筑设计过程，也就是说这三者在从业主提出设计任务书一直到交付建筑施工单位开始施工的全过程中，以相互联系为基础，各自分工，担负自己应有的职责，其中作为建筑设计的首要阶段，方案设计担负着确立并形象化建筑设计基本意图的职责，对于整个建筑设计过程，方案设计起到的是指导性和开创性的作用。在此基础上，初步设计和施工图设计则是对一些物质要求，如经济、技术、材料等的逐步落实，使得设计意图转步向真实建筑转化。建筑学专业教学更多地集中于方案设计阶段的建筑设计操作训练，而主要由以后的建筑设计师业务实践来完成其他部分的训练。

将设计操作训练设置在建筑设计基础课程中，对其深度划分相当于初步设计中的最初阶段，因此让学生理解在建筑方案生成过程中需要解决的基本问题是其首要目标。建筑产生的第一要素是建筑的使用需求，建筑物形体决策的限定因素是建筑的场地，从基本上构成了建筑物形体以及材料和结构的选择策略。由于建筑设计属于对复合问题的解决，因此初学者入手时应瞄准单项问题，才会在解决问题的过程中做到科学理解，合理设计，全身心体验每一步骤的进行。所以，可以把设计问题简化成三个基本方面：场地与环境、功能与空间、形式与建造。

其次，建筑设计属于操作过程，对建筑知识进行综合运用是操作的内容，以对象的具体情况为依据，将相对合适的处理方法选择出来，最终使得合理的建筑设计方案形成。不论哪种形式的建筑，其都不可避免地会受到功能、场地、施工、材料以及建筑造价和安全使用等因素的影响，建筑师在建筑设计过程中应该对此加以考虑。在学习建筑设计的初始阶段，主要学习的就是在实际操作中，怎样对场地与环境、功能与空间、形式与建造等问题作出合理地协调和解决。同时，建筑形式并不是目的，建筑设计的手段和结果才是建筑形式，它的价值和设计问题的三个方面及其操作过程直接相关。

第三，建筑师交流的手段是图纸、模型等，而图纸、模型等工具对建筑师思考也有很大帮助，初学者可以此为契机为自己的思维打下坚实基础。在建筑设计过程中，让学生在设计操作中对各种建筑表达工具做到熟练应用，可以将更多的空间想象力激发出来，使得设计进度、设计深度都能有序推进（图 3-11）。

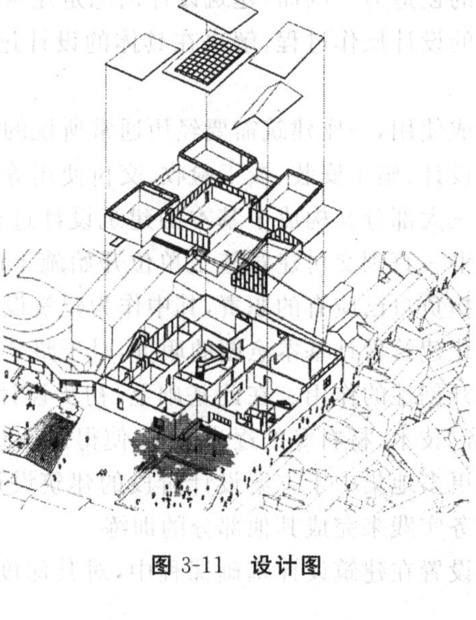

图 3-11　设计图

作为一个全新的学习内容,建筑设计与基础的形态构成和制图技法训练在本质上有不同之处。设计构思、设计深化和设计表达这三个阶段是建筑设计必须要经历的阶段过程,其过程顺序的方向不是单一的,也不是一次性的,要完成设计需要经过任务分析—设计构思—分析选择—再设计构思的循环往复过程。

作为第一阶段的工作,任务分析的目的是通过分析研究场地环境、设计要求、经济因素和规范标准等内容,确立其基本的依据来指导设计构思。以课程设计任务书的形式出现是设计的主要要求,它包括基本功能空间的要求(如体量大小、基本设施、空间位置、环境景观、空间属性、人体尺度等),整体功能关系的要求(如各功能空间之间的相互关系、联系的密切程度等),还要考虑不同使用者的职业、年龄、兴趣爱好等个性特点,建筑基地的场地环境要求,用于建设的实际经济条件和可行的技术水平,以及相关的规范标准要求等。

以任务分析为基础,展开设计构思,建筑师的核心价值是需要更加重视的,也就是在设计的过程中对实际问题进行解决,并且所遇到的问题大多是层次复杂的,要将这些问题分类后分析并解决,在技术途径的选择上,要求注重其合理性,从不同技术中挖掘潜力。方法论层面上设计的自身问题是在解决问题的过程中才产生的。

二、设计构思

(一)场地调研和分析

建筑属于某个建设用地(场地),通过调查和分析具体的场地情况,可以对基地环境的质量水平及其对建筑设计的制约和影响有一个科学合理地把握和认识,将应该充分利用的条件因素、可以通过改造而利用的因素以及必须回避的因素进行分类分析。地段环境、人文环境和城市规划条件三个方面构成了具体的场地调研过程。

人文环境:城市性质和规模、地方风貌特色等(历史名胜、文化风俗、地域传统)。

地段环境:地质条件(地质构造、抗震要求),地形地貌,景观朝向(自然景观资源、日照朝向)、气候条件(冷热、干湿、雨雪)、周边建筑、道路交通、城市区位、市政设施、污染状况等。

城市规划条件:绿地率要求(用地内有效绿地面积与总用地面积之比),建筑高度限定(建筑物有效檐口高度,也是建筑物的最大高度),后退红线限定(建筑物最小后退距离指标)，容积率限定(地面以上总建筑面积与总用地面积之比)，停车量要求等。

1.老城区内的场地调研和分析要点

(1)城市性质：该区域是商业、文化、金融、政治、交通、旅游、工业还是科技的城市属性。

(2)地方风貌：是否在该区域存在特殊的历史名胜、文化风俗或地方特色建筑物。

(3)气候条件：干湿、四季温度状况、雨雪情况。

(4)道路交通：道路和交通状况的现有和未来规划，基地周边所临道路级别(是否车行、路幅、主要人流方向)，所临街道的界面延续与街巷空间的尺度比例关系。

(5)周边建筑：包括现有和未来规划的基地周边相关建筑物状况。

(6)规模及方位：基地纵横方向的尺寸，城市各个空间的到达方式和空间方位。

(7)景观朝向：从主要实现观察角度对基地周围环境进行分析，看周边是否有较好的景观资源存在，以及在日照条件和朝向上对基地进行全面分析。

(8)市政设施：暖、水、讯、气、电、污等市政管网的分布和供应情况。

(9)污染状况：是否在基地周边有空气或噪声污染甚至不良景观的存在。

2.风景区内的场地调研和分析要点

(1)景观朝向：是否在基地周边存在山川湖泊等特殊自然景观资源，基地的日照条件，周边的植被分布状况及树种组成，主要的景观视线方向。

(2)气候条件：干湿、四季温度状况、雨雪情况。

(3)地形地貌：是丘陵还是平地，是否在基地周边存在景观水体，是否存在陡坎、冲沟等突变的地貌特征，基地所跨越的高差大小和朝向，基地雨季时的汇水方向。

(4)地方风貌：是否在该区域有特殊的文化风俗、历史名胜或地方特色建筑物存在。

(5)地质条件：基地的地质构造有无抗震要求，是否适合工程建设。

(6)道路交通：道路和交通状况的现有和未来规划，基地周边所临道路级别(是否车行、路幅、主要人流方向)。

(7)规模及方位：基地的纵横向尺寸，城市的空间方位及到达方式。

（二）建筑形体与外部空间

首先由设计解决的问题是在哪里盖房子，这关系到建筑外部空间与形体之间的关系以及建筑的场地问题。对内部空间的反映是由建筑的形体来实现的，而建筑周围或建筑物之间的环境就是建筑的外部空间。建筑外部空间和建筑形体之间的关系，一个为实，另一个为虚，形成相互嵌套的关系，并将一种互补的关系呈现出来。

在对建筑外部空间和形体之间的关系进行分析时，需要以基地现状条件和相关的规范、法规为基础，对各构成要素的布置要全面合理，如场地内的道路、建筑、绿化等，使得场地中的建筑物与其他要素在设计过程的作用下，形成一个有机整体，从而将应有的作用发挥出来，并达到最佳的基地利用状态，使得用地效益得到充分发挥，减少对土地的浪费。以此为基础，对用地布局进行合理规划和分配，按照不同的功能进行有特色地分区，使得合理展开各功能区对内、对外的行为，这样各个功能区之间的联系可以保持便捷，也能相对独立，做到洁污分开、动静分开、内外分开等。

在一些特定的外部条件发挥作用的时候，建筑形体的生成会受到其施加的预先控制的影响，例如有些老城区的环境条件，常对自由曲线或多边的建筑形体进行利用，其剩余的外部空间与周边环境便很难处理融洽；而在城市风景区的环境条件下，建筑形体的可能性便明显变得多样起来。

建筑形体与外部空间布置示例如图 3-12 所示。

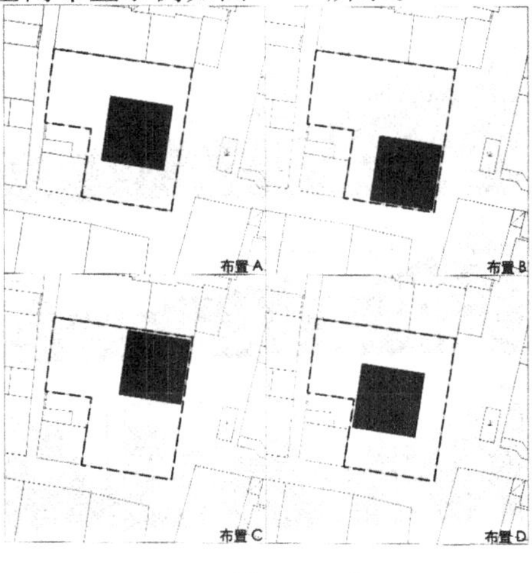

图 3-12　建筑形体与外部空间布置

布置 A：建筑形体布置在场地正中，似乎建筑周边都留出了空间，但这些外部空间的尺度都很小，尤其是东西两侧的狭长空间，实际上造成了外部空间在性质与定位上的不明确，以及在使用上的浪费。

布置 B：建筑形体布置在场地的东南角，留出足够大的北侧空间作为建筑的后院，建筑西侧的空间也可以作为一个辅助的通道。但这样的布局使建筑在两个方向上都紧贴外部道路，必然导致入口空间的局促。

布置 C：建筑形体布置在场地的东北角，留出的南侧空间可以作为入口小广场，西北侧也形成一个内部的后院。

布置 D：建筑布置在场地中部偏西侧，将上述几种布置方法的优点综合起来。南侧有入口小广场，北侧可以设置辅助入口，西侧留出足够的后院空间，东侧的带状空间不仅可以作为建筑和外部道路之间的缓冲，也可以作为自行车停车区或休闲区等加以使用。

（三）场地设计

在基本确定了建筑形体与外部空间的关系后，需要进一步对场地设计深化研究（图 3-13）。排除场地的物质空间信息（包括场地的坡度、位置、自然状况、周边建筑等），还要对场地的非物质空间信息进行了解，比如区域文化属性、历史文脉、社会生态、区域经济状况等。还需要在技术支撑条件的了解上下功夫，对该场地的交通状况、基础设施状况等有一个详细勘察。

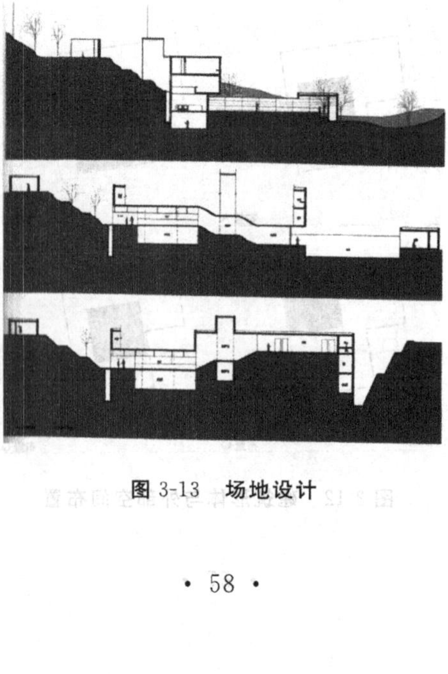

图 3-13　场地设计

首先，对功能分区和用地布局，要进行合理规划以及布局，对建筑的基本平面几何关系进行布置，对外部空间的垂直界面和建筑形体的划分进行确定。其次，内、外部交通流线组织合理，将各种出入口的设置工作进行到位，使得缓冲空间充足，交通顺畅（使建筑主体退后用地边界，保证内外部缓冲空间充足，台阶、楼梯、坡道等交通设施要满足设置要求；或者架空建筑主体，在解决交通组织和设置缓冲空间时对开放式的底层空间加以利用）。再次，在调整基本平面关系时，以日照和景观朝向为依据。比如，居住类建筑应将通风和日照因素纳入整体设计过程，满足住户的需要，使外部景观能通过阳台、落地窗、转角窗等让住户看到；而公共建筑自身给人们带来的新的视觉景观享受就需要在设计时重点考虑。最后以自然状况和使用要求为依据对场地进行竖向设计，其中包含建筑物室内外地坪的高差，以及场地与道路的标高设计，这样，建筑的坚固性和排水的优良性就有了一定的基础。

场地设计是全面合理地布置场地内的道路、建筑群、绿化等，同时对环境条件进行综合利用，将其塑造成有机的整体，以此为基础，对功能分区和用地布局进行合理规划，合理展开各功能区对内、对外的行为，既能便捷地联系起各功能区，又在一定程度上保持着各自相对的独立性，区分洁污、动静以及内外等。这其间，对于各种动线（交通流线、物流、人流、设备流）进行合理布置，使得相互之间避免过多的干扰和交叉；同时，对建筑物的主从关系进行明确，使得空间布置得到进一步完善，并以用地特点及工艺要求为依据，对场地内竖向设计（标高控制和排水组织）、软硬地面的铺装、环境设施和绿化配置等进行合理安排。

三、建筑创意与阶段分析

（一）建筑创意的意义

在进行有创意的建筑设计中，建筑师在创作全过程中使设计思维贯穿大脑活动的始终，这种活动是不显露于外表的，是无形的，但却使得设计思考点得以形成，串联起设计思索线，从而进一步使设计方案的关键和核心得到完善。所以，也可以说建筑创意就是设计中的思考或思考着的设计，或者整个建筑创作过程的设计思维。

设计思维的反复深化和表达的过程就是建筑创意的核心。而建筑创意的关键是技术设计思维的思考点（创意点）、思索线（设计思路），同时对整个建筑设计是否能够顺利展开，是否能够获得成功产生重要影响。

建筑创意是一个思维过程，而这也是其主要的表现形式，建筑创意的双重特征为表达性和过程性。在每一次的建筑创作中，对进展的表达，都可将其视为外化了的设计思维，是建筑创意的结果。

对各种因素（地域、功能、审美、技术、人文、生态……）进行综合分析，在不断反复地思考和表达之中，使得比较完美的设计方案被表达出来，最终将建筑的价值体现出来，这是建筑创意的最终目标。

因而建筑创意的过程是异常复杂的，必须在此期间对各种因素进行综合持续的思考，形成一个逻辑思维与形象思维、感性与理性思维循环往复的过程。它不断修订和深化建筑方案，最终将最恰当的解决问题的方法找出来，并最终使方案得到完美展现（图 3-14）。

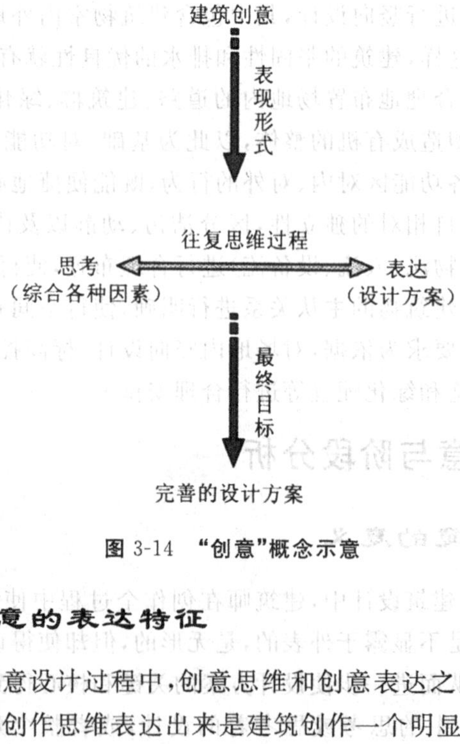

图 3-14 “创意”概念示意

（二）建筑创意的表达特征

在对建筑进行创意设计过程中，创意思维和创意表达之间的关系是互相依存的。用一定的方式将创作思维表达出来是建筑创作一个明显的特点。必须通过某种途径，才能将建筑创作思维表达出来，建筑创作如果缺少表达的思维，就不能构成完整的创作，犹如音乐、文学、舞蹈、美术、戏剧以及电影，与某种表达方式紧密联系起来的正是其构想的完成过程。

实际上，必须凭借一定的表达方式来帮助人记忆一个阶段的思维并对其进行分析，使得在上一层次到下一层次的过程中，是有一定步骤作为规范的。表达与创意思维都具有的特征是一致性，两者进行的过程都是非线性的，是由不清晰到逐渐清晰，虽然这过程包含一定程度的模糊性、不确定性和重复性，但总的趋势一定是呈现出从模糊到清晰的渐变特征、渐变过程(图 3-15)。

图 3-15　思维过程的逐渐物态化，“构思”从模糊到清晰的渐变特征

另外，表达不仅能对思维的持续深化起作用，同时也为与别人的沟通构建一个很好的桥梁，提供给方案确定和实施过程一定的参照。建筑创作的过程从某种意义上说，就是一个不断进行创意思考、不断表达思维的过程。当前不断将“图形设计”“视觉语言”之类的课程引入建筑教育中，说明对创意过程与思维表达的一致性给予了相当的重视，使得在对两者之间的逻辑关系、综合设计思维的掌握上有很大帮助。

(三)建筑创意阶段分析

1. 建筑创意前期思维的建立

(1)资料调研阶段。在前期，因为要在总体上先对所承接项目有一个认识，因而此时主要是进行大量的信息和相关资料的采集工作，通过视觉刺激，这些信息就会像数码技术那样，存储在大脑中，从而方便快捷地使人们的前期思维内容建立起来。通常所说的“调研”就是这一阶段。

多数设计任务都要对复杂而众多的背景资料有所涉及，在准备进行建筑创意时，如何从众多信息中将核心部分提取出来是各种思维所集中关注的，这是矛盾焦点、创意切入点的寻找和确立的关键，从这里开始向概念分析阶段转入，进而使设计方案的雏形逐渐形成(图 3-16)。

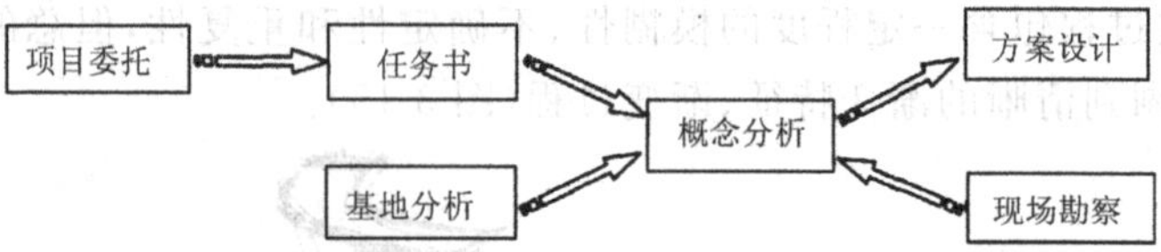

图 3-16　资料调研阶段过程示意

(2)初步分析表达阶段。

1)文字图表。在前期准备和收集各种资料以及信息的过程中,主要将对建筑创作有重要影响的部分作为集中关注的焦点,包括:有关于该项目的信息、市场以及网上调研收集的资料,还有相关的条文法规、条例或是关于项目的内容。尤其是应本着性质相同、规模相当、内容相近、方便实施并体现多样性的原则展开对实例调研的选择,调研内容包括两部分,分别是一般技术性了解(对设计构思、总体布局、平面组织和空间造型的基本了解)和使用管理情况调查(对管理使用两方面的直接调查)。最终应以图、文形式呈现调研的成果,在表达上做到尽可能地详尽,使得一份永久性的、为项目全过程提供参考的资料形成。

2)图示。在前期的调研工作中,一种最常见的表达方式就是图示记录、图示思维,其中包含对各种现状资料,如周围环境状况、地形图、各种市政管网的布局、交通情况等所做的图示性的处理;统计使用者的活动记录、调查记录等,某些情况下还要引入人体工程学,进行如分析空间、尺度、细部设计等;对周围环境景观、邻近建筑或同类已建成建筑的速写、图片等。

如图 3-17 所示,建筑师尝试对基地进行整体认识,所以构思前期的铺垫也包括这种试探性分析工作。

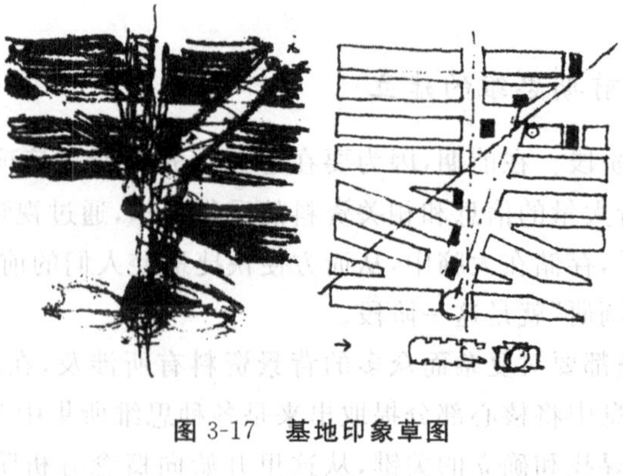

图 3-17　基地印象草图

速写以记录建筑或环境，对所做项目有总体认识为主，其表现的观察力是很强的，并且概括力也达到一定高度，善于对大量条件中的关键部分进行把握，将有影响力的因素或基地隐含的规律提取出来。这是个模糊的过程，但却倾向于象征或隐喻，特别是在由设计者组织的现场会上，设计者可以与相关人士交流并广泛听取意见，设计者有时还会根据公众的愿望将一个大致的轮廓勾画出来。

3)计算机。设计创意的发展态势十分蓬勃，各种表达手段需要同步并用，尤其是生成建筑虚拟设计领域，在准备阶段，计算机所发挥的作用也日益明显，并且产生越来越大的辅助设计作用。

第一，建筑物在科学技术的快速发展中获得了日新月异的材料、技术支持，也将一些日益复杂的矛盾和问题突出出来；对于这些信息，建筑师要真正掌握并有效利用，将这些资料、信息存储起来，使得建筑设计信息数据得以建成，从而在设计各阶段都能方便随时查询和检索。

第二，在准备阶段，不仅需要大量的条例、规范、功能要求等信息，还可以把先前存入的设计实例调出来，对其进行评价与分析。

第三，借助计算机，与其他信息网络实现连接，这样可以无限扩大信息资料的传播范围，使得资料在准备阶段得到比较深入和全面地收集，并且“虚拟设计实验室”对于跨地区协同设计研究有很大的推动作用，将网上资料共享变为现实并得到科学利用，如地形复杂的山地，用计算机模拟地形原状则提供给设计者准确的信息。

2.建筑创意的表达与推进

从创意思维与表达的并行互动的关系中，可以看出方案构思是借助于形象思维的力量，侧重于将设计从立意观念层次的理性思维转译表达为抽象语言，将准备阶段分析研究的成果落实成为具体的建筑形态。

创作思维的表达，并不仅仅是思维过程阶段性结果的单纯体现，它还会有效地促进创作思维的进程，促使创作者的思维向更广泛、更深入、更完善的境地发展。建筑师往往会有这种体会，即构思经常是在草图的勾画中不断发展的，依赖草图可以不断推进思维。即头脑中的想法会用各种图示自然地流露出来，有时线条在指引着人们。

(1)设计立意为先导。方案构思的主导因素是设计立意，设计立意是任何方案构思的真正起点。设计创作的基调是设计立意，同时设计主题、设计核心也有赖于设计立意。基本立意和高级立意是设计立意的两种类型，应在指导设计上加以利用。前者的目的是对最基本的建筑功能、环境条件的满足；而后者谋求的是以此为基础，在理解和把握设计项目深层意义后，向一个更高的境界推进创意。

例如流水别墅，它对立意的追求不仅仅停留在一般意义上的视觉美感地提供，而是以回归自然的态度，将建筑融入自然，对话大自然，别墅设计的最高境界追求是要形成有机建筑。因为从位置选择、布局经营、空间处理到造型设计，没有一个建筑创意的思维与表达不是以立意为核心展开的，最终形成建筑创意的佳作。

(2)创意与表达。形象思维是建筑创意中的设计表达的主要特征，对于多样的创造力和想象力都是非常依赖的，因而表达方式在设计立意的指导下，并非固定不变和单一的，而是多样的、开放的和发散的，是独树一帜的，所以常常采取多样的方式来表达方案，出人意料。

在方案草图绘制过程中，各种不同的构思方案和表达方式，以反复推敲、比较为具体体现，使得选择不断得到优化，最终不断推进方案的向前发展。人们通过一个优秀的建筑形象设计，可以感受到建筑的感染力和震撼效果。

(3)立意切入点的开放特征。设计立意有多种多样的切入点，可以从功能、环境、结构以及经济技术入手去进行创意表达，由点到面，使得方案雏形逐渐形成。

方案构思应从环境特点着眼，如地形地貌、景观朝向以及道路交通等这些富有个性特点的环境因素均可成为方案构思的切入点和启发点。

方案构思可根据具体功能特点进行。建筑师所梦寐以求的一直是更合理、更圆满、更富有新意地对功能需求进行满足，它往往是在具体设计实践中进行方案构思的主要突破口之一。

巴塞罗那国际博览会德国馆是由密斯设计的，在近现代建筑史上，它是一个杰作，这是因为其在功能上的创新和突破是无可比拟的。展示性建筑的主要组织形式是空间序列，即按照一定的顺序依次把各个展示空间排列起来，从而确保了观众在参观浏览时的流畅性和连续性。在设计德国馆时，其立意是希望能让人们自由选择，将流线和自由墙体运用到平面表达中，使得具有自由序列特点的“流动空间”被创造出来，该方案给人耳目一新的感觉。

同样是展示建筑，出自赖特之手的纽约古根汉姆博物馆却在构思重点上与之完全不同(图3-18)。因为土地资源紧张，只能将该建筑设计成多层，其分层特点势必会打断参观路线。对此，设计者创造性地设计了一个螺旋形环绕圆形中庭缓慢上升的连续空间，这样一个流畅而连续的展示空间就得以构成，独树一帜的建筑造型就这样形成了，也保证了参观者能在建筑内流畅而连续的观赏。

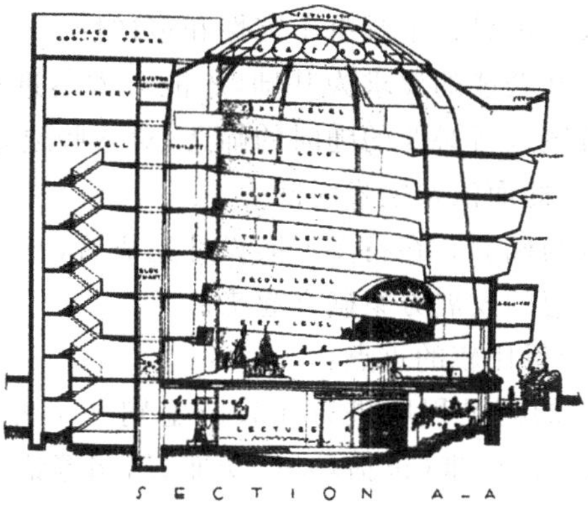

图 3-18　纽约古根汉姆博物馆

排除从环境、功能入手进行构思的方法，以具体的任务需求特点、经济因素乃至地方特色、结构形式、主题建筑等为依据，都可以作为突破口来进行设计构思。在具体的方案设计中，还需要特别强调从多个方面同时切入进行构思，以形象构思和表达手段为依托，寻求方案突破（例如同时考虑功能、经济、环境、结构等多个方面），或者是在不同的设计构思阶段选择不同的侧重点（例如在平面设计表达时从功能入手，在总体布局勾勒时从环境入手等）都是最常用、最普遍的构思手段，这样既能保证构思的深入和独到，又可推动构思远离片面、极端。

3. 建筑创意方案确立与完善

（1）建筑创意目标。方案创意对于设计者和建设者来说，仅仅是一个过程，一个完善可行的实施方案才是其追求的最终目的。

由于能够对建筑设计造成影响的客观因素有很多，不同方案的产生都是经由不同的因素对某部分细微的侧重所导致的。由此建筑创意的本质是多方案构思，这也是基于建筑设计目的性的要求。由于时间、经济以及技术条件的限制，穷尽所有方案的可能性不大，因此设计者所获得的“最佳”方案只能是“相对意义”上的。

（2）多方案构思的原则。为了选择最优方案，应使多方案构思对如下原则进行满足：

第一，尽可能多的提出方案，并且在差别上要尽可能大。决定方案优化水平的基本尺码是选择方案的数量大小：审视题目时，需要我们学会从多方位和多角度入手，对环境进行整体把握，通过有目的和有意识地将侧重点进行变换，使得方案形式组织、整体布局以及造型设计上具有丰富性和多样性。

第二，以满足环境和功能的要求为基础，才能对方案进行提出，所以在尝试过程中，我们就应该对方案进行必要的随时的筛选，对一些缺乏合理性和操作性的构思，要及时否定，不要因此而浪费宝贵时间。

(3)多方案的比较与确立。在将多方案设计完成后，开始分析比较所设计的方案，在比较挑选中将理想的发展方案确立起来。

以下三个方面是分析比较的重点：

第一，对设计要求的满足程度进行比较。鉴别一个方案是否合格的起码标准是能否满足基本的设计要求(包括环境、功能、结构等诸因素)。无论一个方案如何创新，但判定其是否是一个好的设计，就必须要能满足基本的设计要求这一前提。

第二，是否是突出个性特色的比较。好的建筑设计创意必须是能够让人体会到美的享受，在视觉上能够产生冲击的独特设计。

第三，对于修改调整的可能性的比较。无论何种方案，其自身都会带有这样那样的不足和缺点，好的设计方案其优势就是经过修改得到的方案不但没有失去特色，而且更趋完美。

(4)方案构思的调整与深入。虽然通过比较后才确立最佳的发展方案，但此时的设计还只是一个大的方向或者是粗线条的(包括建筑的基本形体关系、建筑与环境的呼应关系、大体风格等)，还有许多方面的问题有待解决。为了使方案达到最佳效果以满足要求，就还需要深化和调整。

1)调整方案。解决多方案在分析、比较过程中所发现的矛盾与问题，并弥补设计缺陷是方案调整阶段的主要任务。

对发展方案的调整需要控制在适当范围内，因为此时发展方案无论是在满足设计要求还是在具备个性特色上已有相当的基础，只需要对局部进行补充或修改，力求对原有方案的基本构思和整体布局不产生影响或使之改变，同时让方案继续提升自身的优势水平。

2)方案的深入。方案的设计深度到此为止仅限于确立一个合理的总体布局、交通流线组织、功能空间组织以及与内外相协调统一的体量关系、虚实关系和大体风格，要使得方案设计满足最终的要求，还需要一个从模糊到明确落实、从粗略到细致刻画、从概念到具体量化的进一步深化的过程。

主要通过放大图纸比例来展开深化过程，从大到小，由面及点，其发展是分步骤和层次的。

首先，明确并量化其构件的位置、相关体系、大小、形状及相互关系，包括建筑轴线尺寸、结构形式、墙及柱宽度、建筑内外高度、屋顶结构及构造形式、台阶踏步、门窗位置及大小、家具的布置与尺寸、室内外高差、道路宽度以及室外平台大小等具体内容，并在平、立、剖及总图中反映细部设计。该阶段的工作还应包括统计并核对方案设计的技术经济指标，如建筑面积、容积率、绿化率等，如果有指标不符合规定的情况发生则要求对方案进行相应调整。

其次，更为深入细致地推敲刻画平、立、剖及总图。具体内容应包括总图设计的室外铺地、室外小品与陈设、绿化组织，平面设计中的室内陈设与室内铺地、家具造型，门窗的划分形式、立面图设计中的墙面、材料质感及色彩光影等。

四、建筑创意实践与表达

（一）基于空间理念的创意

建筑是一项具有使用用途的物质产品，满足功能要求是建筑的主要目的，而建筑功能集中体现在“好的建筑空间”。但一个好的建筑设计并不是建筑功能关系的图解，建筑是一项特殊的物质产品。由于建筑服务对象是人，而人在其中的活动是多种多样的，因此人的行为与建筑环境之间并不存在唯一对应的答案。理顺各种物质的、人文的矛盾，综合、巧妙地解决棘手的问题，最终产生让人愉悦的建筑环境，是建筑设计的终极目标。一些优秀的设计创意、旷世佳作，往往正是基于功能需求，在空间组合上对新理念的引导和突破。

同时，对于相关学科的广泛涉猎，对于环境心理学、生态、技术、艺术、人文、哲学等的有针对性地融入，有助于提高对空间创意的驾驭能力。

1. 功能需求与空间适应

（1）基于使用功能需求的创意。居住建筑设计的创意，首先基于现代人生活方式的研究，在空间功能组合分析基础上，方案的构思由平面功能空间的组织切入，逐渐形成融于整体环境的完善方案。

（2）基于生理功能需求分析的创意。对于一些有特殊要求的建筑，包括建筑物的朝向、保温、防潮、隔热、隔声、通风、采光、照明等，也可以成为设计创意的主要切入点，成为创意主角，形成建筑特色。

2. 功能突破与空间创新

更圆满、更合理、更富有新意地满足功能需求一直是建筑师所梦寐以求的，具体设计实践中它往往是进行方案构思的主要突破口之一。

以光之教堂(设计：安藤忠雄)为例。光之教堂通过设计手段，特别是十字的独特表达方式，实现了祭祀功能。

创意点：基于祭祀空间功能的探索和表达，重点集中在圣坛后的光十字上。

(1)建筑体量。该教堂以混凝土矩形体量为主体。这一矩形体量包含了三个直径为 5.9m 的球体，同时被一片以 15°角插入的独立墙体切成大、小两部分，大的为教堂，小的为主要入口空间。人们经过这面墙体上高 5.35m、宽 1.6m 的开口，就进入了教堂(图 3-19)。

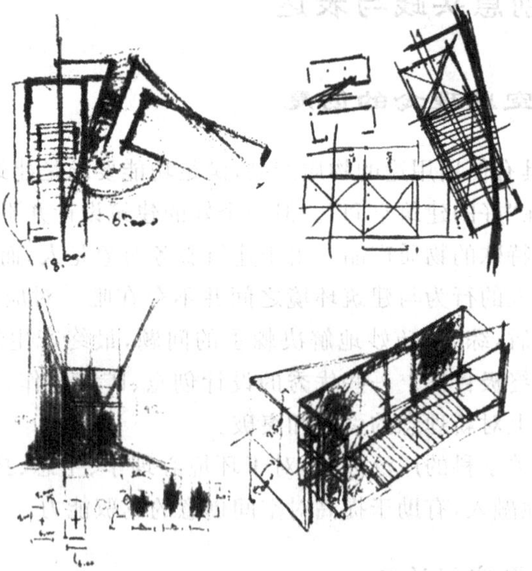

图 3-19　方案草图

(2)祭祀空间。独特的圣坛空间——地面处理成台阶状，由后向前下降直到牧师讲坛。讲坛后面便是墙体上切出的垂直和水平方向的十字形开口，白天的阳光和夜晚的灯光从这里渗透进来，从而形成了著名的“光的十字”。祈祷的教徒身在暗处，面对这个十字架，仿佛看到了天堂的光辉。光从安藤忠雄精心设置的各种洞孔中射入，写着历史的永恒，带着时间的流逝，一起涌入教堂空间(图 3-20)。

图 3-20　教堂全景

(3)功能实现与表达。光的照明功能在这里一一被削弱,而是仅仅将其象征意义突出出来。光的存在赋予了十字架真正的意义。

3. 历史传承与空间借用

“未来创作”的重要源泉是历史经验,“融化”的“过去”生发出美好的“未来”,不论建筑属于哪一体系,都担负着这样的任务。建筑设计创意的重要切入点是历史传承。

建筑设计的源泉和创新的必备条件是“文脉肌理”。切记,建筑并不是对传统的形和饰进行抽象地再现,更重要的是要对地域文化精神内涵有很好的把握,将其融入设计中去,对传统的空间意境进行借用,实现让人感悟到传统的“建筑意匠”的目的,让未来建筑真正吸取历史传统的精华,创造出更多的具有新时代特色的建筑作品。

以古华园林式宾馆项目为例(图 3-21)。

(1)概况。该建筑位于上海市郊,是一家园林式宾馆,于 20 世纪 90 年代初建起了原有建筑,该建筑对江南古典建筑进行效仿,其外形表现为飞檐翘角,但从局部到整体,该建筑都显得有些不伦不类,如封闭、呆板的空间组织,生硬的立面处理,甚至给人杂乱无章的感觉。但经过多年营建,室外的古典园林却独具特色,池中清水闪耀着粼粼波光,与池岸绿化相互辉映;庭院中是连绵不断的空间,人们在

图 3-21 古华园林式宾馆

仿古连廊中感受历史的长度,因而社会上对这里的特色古典园林风景给予广泛好评,会议、度假、疗养等活动均在这里开展。

为了使建筑环境得到改善,满足宾馆发展的新要求,在对原有传统建筑意境的保持下,需要拆除重建原有主体建筑,整合餐饮、会议等服务功能,将它们容纳到主体建筑中。

(2)难题焦点。在主入口的主轴线上为基地位置,而将具有江南古典风韵的特色园林设置在背后,而将通往其他各单体建筑的车行道路分别设置在左右两侧。业主提出要在1000多平方米的场地上设置商务中心、宾馆大堂、小商店、餐饮包房、中西餐厅、宴会厅、大小会议室近10000m^{2}的功能,几乎涵盖酒店面临的所有问题。

但最初是要将这里的建筑密度适当降低,使原来贴路建造的尴尬境地彻底消失,但可以将古典园林的风味进行保留和强化。但是一些实际问题又是业主必须要面对,无法逃避的现实,如何一方面能使这些问题得到妥善解决,另一方面又能使良好的立意得以发展,这成为首要面对的在满足设计需要方面的问题。

解决问题就是建筑设计的首要职责,这是不可回避的。建筑设计的目标就是巧妙、综合地将棘手的问题解决,将各种人文、物质矛盾理顺,最终让人感觉到审美愉悦。

(3)创意切入点。在仔细分析过程中,最终将两条原则梳理出来,它们对项目顺利进行发挥引导作用,是核心思想,同时业主也普遍表示可以接受。

保持传统意境。项目对古典园林的整体感觉进行保留并强化，使得原来江南传统建筑的风格得到延续，但也于其中融入适当新的观念和思维。一方面，将建筑空间设置成开放的，使得各个功能空间与园林庭院都能产生渗透效应；另一方面，对古典建筑的细部处理进行简化并高度概括，使之与新的技术和材料更好地相互契合，并且符合当代人的审美观念。

对功能质量和建筑环境进行改善。以宾馆功能的改造整合为基础，使得建筑对现代人的生活需求进行满足，在地下室安排一些厨房、设备用房和大餐厅，并通过下沉式庭园将室外水景和绿化引入地下，虽然餐厅等在地下，却可以享受与地上相同的绿化空间，彻底将地下阴湿、沉闷的空间给予改变；同时使地面空间得到解放，地面建筑的体量逐渐减小，在一定程度上将室外空间可能出现的压迫感解决了。

建筑师在对这些矛盾进行梳理时，也就是形成方案的过程。最初的草图将建筑师的思考要点突出反映了出来。在这个过程中，草图会将建筑师的思考痕迹保留下来，如哪些是主要矛盾，哪些是建筑师所关注的关键点等。而那些细节已经在建筑师的草图绘制过程中，得到了丰富，获得了主旨和概念，并在其头脑中形成。建筑师最关注和强调的要点是体现在最初的概念图中的。

这里想再次强调以下几点：

1)设计思维的过程具有连贯性和闪烁跳跃性，灵感对于建筑师来说是转瞬即逝的，在适当的理性逻辑下，使感性思维快速进展，并进行不间断地闪烁。

2)建筑师常用且快速有效的表达手段就是草图。它不仅能记录思维过程，又能帮助思维，它不仅能进行不间断的交错思维过程，还对大脑提供帮助，促使那些模糊概念逐渐清晰。

3)经过常年的职业训练，建筑师使双手与大脑形成密切配合的关系，心手合一，而能够证明建筑师具有了成熟思维的前提条件就是要有一张成功的草图。

(二)基于建筑形式的创意

建筑既是一种物质产品，还是重要的精神产品，建筑包含实用价值的同时，承载了人类社会的发展历程。一直以来在西方，被列为艺术学科类别首位的就是建筑艺术，但是建筑的艺术性对形式审美的层面进行了极大超越，它给人的感染力特别是精神方面，是多维度和多层次的，而建筑形式在创造性、丰富性、感染力和表达力方面的表现，将建筑艺术的真实面貌和独特魅力体现得淋漓尽致。所以建筑设计重要的切入点之一就是以建筑形式的创意为基础(图 3-22)。

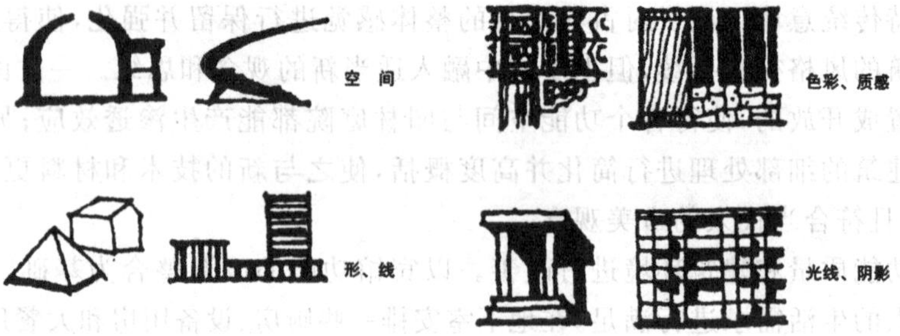

图 3-22　建筑形式的基本表达手段

1. 二维界面的形与线

如图 3-23 所示为某商业街立面形象设计草图。

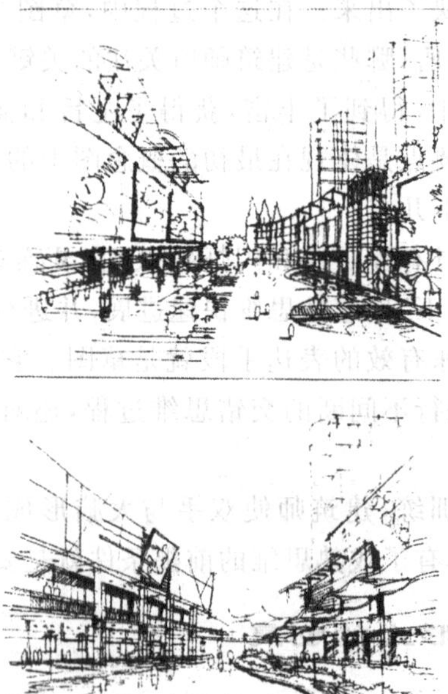

图 3-23　某商业街立面形象设计草图

创意点：以商业街的性质特征为基础，对多种视觉形式要素进行利用，在活跃的形与线的烘托下，所形成的初步的设计意向就使得商业和休闲娱乐的气氛初见端倪。

总体效果略显烦琐，在调整大面积背景、规划统一了形和线之后，更能使整个沿街立面突出整体性以及效果的统一性。采用不同的方式来组合立面形与线，使得在视觉上，对沿街立面效果做出了改变，使得不同的城市空间氛围得以生成，从而逐渐对方案设计进行完善。

2.建筑表皮的形式演绎

表皮的形式演绎是指设计思维着眼于界面材质的组合、阴影，建筑表皮的图案变化，以及纹理和结构组织等。

(1)图案的变化。建筑表皮的主要作用是在视觉上给人一种刺激，而完整的图案形式是其重要来源，即完形“Gestalt”——“格式塔”。“Gestalt”将人们对形式的认知经验诠释了出来，这种诠释在建筑设计中的表现就是有组织、有秩序地建筑表皮形式、建筑界面。

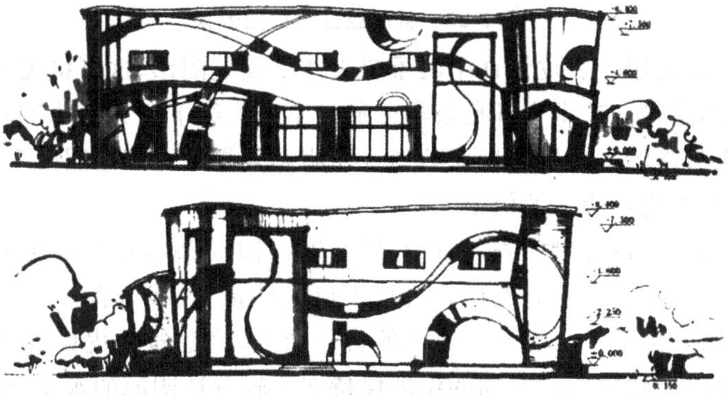

图 3-24　建筑表皮的图案表达

如图 3-24 所示为建筑表皮的图案表达。

方案创意：

其一，以对建筑的表皮处理为重点是方案的最大特点，以弧线作为整个建筑的主要线条构成，使得建筑形态自由奔放、活泼、随意。

其二，对周边建筑环境的景观和组织特别关注，将画廊的建筑性格表达出来。

其三，在设计建筑的外观时，需关注两个重要因素，就是色彩和肌理，它们构成了设计的中心，其出现具有重复性，尤其明显的是外表面的颜色，红、紫、金、黑、银、蓝……并且因为角度不同，在不同光线条件下，人眼所看到的事物会产生不同的效果。

(2)界面材质的组合。主体是表皮材质组合，进行立面的造型和剪裁，该创意从一个独特的视角切入，所产生的建筑方案会是极富特色的。

如图 3-25 所示，为了追求建筑整体构图的舒展和稳定，其网络主要以斜 45°线为主，采用混凝土和钢结构的经典组合来构成建筑表皮。在对比金属材质和石材粗糙的特点中，产生力量与轻盈灵秀的碰撞；屋顶采用中性的灰瓦，在层层叠叠之中，形成落水叠石的相互辉映。

图 3-25　材质组合及构图效果

(3)阴影的运用。表皮设计中的重要表达手段是阴影，这直接关系到人们对建筑材料肌理的感知。艺术大师莫奈早已通过不同光线下对大干草堆和鲁昂教堂的观察，得出光与影的重要性。界面的形式在阴影效果中可产生明暗变化，使得界面的层次肌理产生更加明显的效果。

勒·柯布西耶设计的朗香教堂中(图 3-26～图 3-28)，我们可在阴影的帮助下对建筑外形进行识别。阴影对窗、挑檐、入口和屋顶项、线等都产生了一定的强调与戏剧性作用。生活在干燥炎热地区的古埃及人，将建筑表皮设置为开窗很少的外形，这样可以使建筑室内空间的温度保持在比较舒适阴凉的水平，正是对阴影的运用，建筑才得以进行表皮设计(图 3-29)。

图 3-26　朗香教堂平面

图 3-27　朗香教堂一角

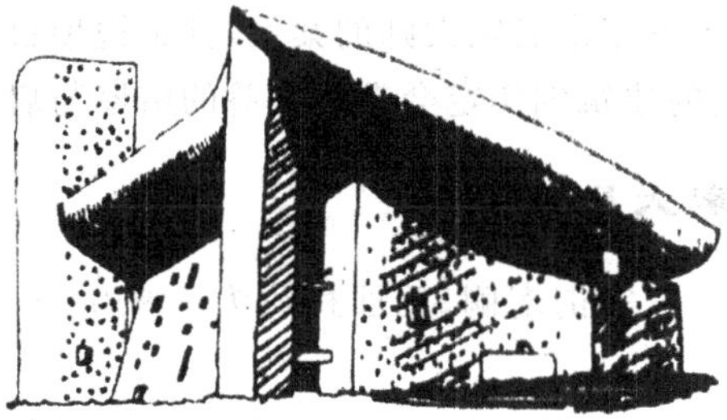

图 3-28　朗香教堂一角

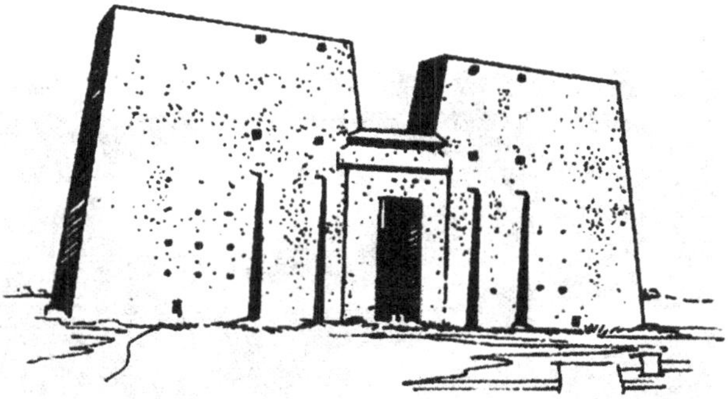

图 3-29　古埃及建筑表皮

五、当代建筑创意佳作

当今经济全球化成为发展的大方向和大趋势，并且普遍渗透了地球村概念，这就使得全球文化交流与交融成为大势所趋，同时，建筑领域作为文化的载体，也逐渐走向世界，形成全球化的发展趋势。“建筑作为一种语言，一种精神的传承”，已经将国际交流的特征呈现出来。到 20 世纪 90 年代中后期，中国受到了全球化深刻地影响，一方面，使得世界范围内建筑文化的融合得到促进；另一方面，全球化趋势以前所未有的力量激活了建筑师的潜在创意思维。

巨大的建筑设计市场也因中国经济的迅速发展而打开大门，迎接来自中国的新一代年轻建筑师的强大力量。当前全球建筑设计的试验场之一就是中国，各国建筑师也在这里施展自己的才华。形成的影响就是不断凸显了境外建筑师的名作佳品；同时也在设计上频频突破传统技术和材料的束缚，将新材料、新技术理念带到中国。我们必须看到，日益激烈的建筑师之间的竞争背后，实际上是在客观上对设计思维和创意提出了更高要求，以前所未有的势头对中国建筑设计的发展起到促进作用。

本章所选作品均为近年来名家大师的案例，其重视项目的设计难点，特别是设计创意点，这对于我们的建筑创作定会带来有益的借鉴与启发。

（一）北京国家大剧院

该建筑坐落于北京长安街南侧，总面积约为 149500m²，距天安门约 500m，与人民大会堂毗邻。

设计难点：该建筑的建造基地是在北京的中心地段，同时又是十分重要的带有浓厚时尚特征的文化建筑，因而设计创意的关键就是做到与周围环境及传统建筑文脉相协调（图 3-30）。

图 3-30　建筑全景

设计创意点：从整体基地环境入手，对传统与环境协调的处理手法进行突破，另寻新路。在对基地环境进行整体处理时，引入柔性水体元素，作为背景，对巨大体型和周围环境之间的关系，采取柔性处理的方法，避免了刚性的冲突，并且也对广场周围的生态环境进行了改善。

1.建筑造型

利用钛金属壳构成建筑表皮，其具体构造注重对称与平衡，是短轴为 144m、长轴为 213m、高为 46m 的椭球体。弧形玻璃罩被椭球的球面分成了两部分，在外观上来看，整个建筑呈流线型，仿佛浮现在湖水中央的一座岛屿，但不对自己过分突出，对静、灰、虚进行强化，协调与周围建筑的关系。

2.环境关联

建造一条 60m 的透明地下通道建筑可与“湖岸”产生联系。这样使得建筑外观的完整性得到保持——整个立面没有任何开口或其他特殊形式，这样一条通道的开辟，公众可以从日常生活逐渐步入歌舞、传奇与梦幻的世界中去。

并且借鉴北京的护城河，设计了环绕四周的水环境，同时将北海等水域向南延伸，增加了京城中心的活跃气氛。建筑与环境之间的关系因为水体背景的存在而得到柔化，与自然融为一体(图 3-31)。

图 3-31　入口广场

3. 室内空间

在建筑内部有三个观演厅：一个 2017 座的音乐厅、一个 2416 座的歌剧院、一个 1040 座的戏剧场，并且公众可以到开放的且与城市融为一体的艺术展示空间参观。

对城市分区概念的借鉴，使得向公众开放的部分串联起了不同性质的空间。广场、街道、餐厅、商业区、休闲空间及候演厅等，非常深入地挖掘了这部分功能，将公共、开敞的特征赋予建筑整体。建筑师将整个综合体打造成一个集会厅，具有非常强的包容性，而并非是一个精英场所。中央公共广场可接纳从任意演出厅出入的观众，并且交通顺畅，也将各个组成部分的鲜明特征进行充分展现(图 3-32)。

图 3-32　建筑内景

4.建筑精神与细节

在精神上，国家大剧院在精神上同北京的古老建筑是相通的。它具有宁静的风格意蕴，在审美上讲究对称，它并非遗世独立，而是兼容并包，敞开胸怀与整体空间相互融合。在对传统精神进行保留的基础上，采用现代化的材料、设计和功能。

注重中国传统细节的营造，进入国家大剧院的水下通道就会看见两扇酷似中国古老城门的剧院大门，大门装饰颜色为传统的中国红；而当通过地下通道进入剧院内部时，会受到一堵墙的短暂遮挡，这是一种江南古典园林中被称为“抑景”的构景方法；另外为了在视觉传达上增添浓郁的中国味道，邀请法国画家阿兰・博尼在点染大剧院的各个部分时使用了超过20种不同的红色，从入口处如同故宫宫墙的暗红，到环绕音乐厅及戏剧场的红色光带，再到通往剧场的红色楼梯……千变万化的红色深浅交替，明暗对比。

（二）上海浦东机场

浦东国际机场坐落于长江入海口南岸的滨海地带，其中一半的形成由海滩发展而来，而另一半则是产生于围海除淤。占地约 $32km^2$，拥有模型室、站坪调度楼、空管塔台、一条4000m的跑道及占地 $2.78\times10^5m^2$ 高科技现代化航站楼。建成并投入运行是在1999年，国际机场的设计将“人、建筑、环境”和谐共存的原则体现出来。

如何具有对各种变化的内在适应性是创意的关键，只有形成一个清晰、精密的发展平面，才能将更多的可能性提供给未来发展。

设计创意：以可持续发展理念为设计基础，总体规划不但重视技术和自然，并且利用终端开放，给未来发展提供更多的可能性。

1.生动的建筑形态

设计将一个活跃的生命体征赋予建筑，就像振翅飞翔的海鸥，产生动态感。其万千的姿态变化随着透视角度的不断变化得到了充分展现。无论行进在哪条路上，总是建筑物的成角透视出现在观者眼前，将一个多姿多彩的具有独特个性的场所呈现于人们面前。

2.独特的建筑构架

航站主楼和候机长廊是航站楼的两个组成部分，两条宽54m的连接通道横贯中间绿茵丛。航站楼内无一根立柱，屋架全部利用大跨度钢结构，该大型空间是透明的。

3. 室内空间

纵观各个立面的地位是平等的，各体量与顶部结构的动态变化使内部空间流动起来，并引导着乘客在综合体中穿行。1号候机厅的房顶好似展开的翅膀，内拉横梁式的大拱顶使得柔和的光线穿透蓝色的屋顶，大片的杆下拉造成光线下落的效果，产生雾蒙蒙的感觉。寓意“蓝天白云”的全自然采光的天顶设计，产生了蓄势待发的气势（图3-33）。

图3-33　建筑空间

4. 富有灵性的空间景观

在地理位置上，浦东距离城市中心比较远，很多自然因素都可以被借用——花园、绿色、阳光、水体、风，并且可以将一些诗性的想法加入设计中。在这里是以大量的植被与树木或大面积的水景作为表现。在这个滨海地段，水有着特殊的意义，其自身带有的生动性，再加上风与阳光赋予它的灵性，给人更高的审美愉悦。大面积的绿地和碧波荡漾的水池，衬托着轻巧、透亮的航站楼，像一只展翅欲飞的海鸥，寓意上海航空事业的腾飞（图3-34、图3-35）。

图3-34　绿化景观

图 3-35 机场一角

5. 鲜活的流线

由人行道、公路、飞机跑道与滑行共同组成的路网可以说是四通八达。在广场的内部，火车和汽车都可以穿行：首先在成行的树木间掠过长渠，然后驶上倒映在水中的高架桥，深入到水池中心，抵达前两个航站楼后，再穿越连通着各个航站楼的绿化广场。而围绕这个中心空间，飞机可进行起落。飞机跑道与两条滑行道平行，而另外两条滑行道则与跑道垂直，从而若干个高效、简洁的停机坪和一片开阔的广场就形成了。整个交通流线一目了然——其重要程度犹如循环系统对生命体的重要性(图 3-36)。

图 3-36 建筑全景

在设计上，浦东国际机场的独特性浓厚，凸显了独树一帜的个性。其总体规划结合了功能品质与自然因素，而且机场不仅能够实现其主体功能，还能提供观光功能，虽然位置不及市中心那样繁华，但依然可以让游客感觉到国际化大都市的魅力。

（三）广州歌剧院

广州歌剧院（图 3-37～图 3-40）位于珠江新城中心区南部。总建筑面积约 70000m^2，最大高度 43m，最大长度约 120m。整个歌剧院包括多功能剧场 7400m^2、大剧场 36400m^2、其他配套建筑 26100m^2，总占地面积约 42000m^2。其中，1800 座大剧场和录音棚、艺术展览厅等组成了“大砾石”，400 座多功能剧场等组成的是“小砾石”。对一些大型综合文艺演出，大型歌剧、舞剧等的需要给予满足，在广州市可以成为具有代表性的建筑。

创意关键：广州作为中国华南最大的中心城市，是沿海开放的 14 个城市之一。这座城市的性格是开放、包容以及自由，赢得了国内外的广泛赞誉。在中国文化经济水平不断提高的今天，创意的关键在于如何让广州继续对自己的文化特色进行彰显，如何让广州歌剧院担负起这样的重任。而且为了形成广东的地方文化基地，特选址于珠江新城这一文化汇聚点和中轴线的节点，要求设计必须独特且富于现代感。

设计创意：以“圆润双砾”的概念设计为基础，对广州当地文化给予充分尊重，并且在设计中受到了海珠石神话传说的启发。同时方案的生成与表达采用了生成建筑手法，极为现代和超前。

1. 外部环境

外部地形是跌宕起伏的沙漠形状设计，与四周现代都市的高楼林立对比强烈。同时方案较好地对歌剧院与城市之间各种流线的接驳关系进行了组织，协调了建筑内部与周边建筑环境的呼应关系。

2. 建筑造型

主体建筑造型自然、粗犷，为灰黑色调的“双砾”，隐喻由珠江河畔的流水冲来两块漂亮的石头，这两块原始的、非几何形体的建筑就像砾石一般置于开敞的场地之上。既融合了粗犷主义风格和后现代的隐喻理论，又极具动态设计手法，流动的造型可以让人们从宁静的石头联想到其被冲刷的过程和流动的珠江。不规则的“沙砾”形状，浑厚有力，很有标志性，极具未来感。

3. 建筑结构

整个造型的外围护，是用悬挑的结构和连续墙代替以往盒子建筑的梁柱结构。

梁柱的区分变得模糊，有的是很多折面，而且主次难分，且都是倾斜的、扭曲的，其最大的倾斜角度竟达 30°。很多情况下，是依靠面与面之间的相互拉扯来对结构整体产生作用。

4. 方案生成与功能

扎哈·哈迪德事务所主要运用犀牛软件，这是一种相对 3D 更能准确表达造型理念的软件。方案过程首先开始于做外观，做空间；平面和剖面是切出来的，是生成的，功能是造型之后做出来的。

然而，方案最出彩的地方就是在功能处理上极具创造性，多媒体厅内的舞台、布景、观众座位等都能自由变动位置，上演试验剧也完全没有问题。观众在看戏时，可能会由坐在台下，被转到了舞台上，设计很有未来感，且其全封闭式的设计目前在世界上也不多见。

图 3-37 建筑模型(一)

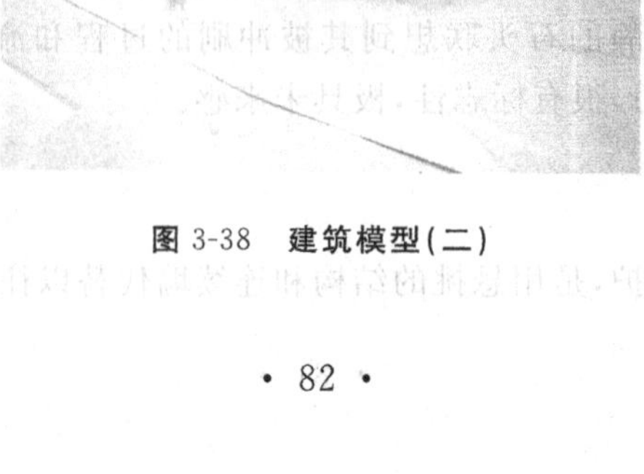

图 3-38 建筑模型(二)

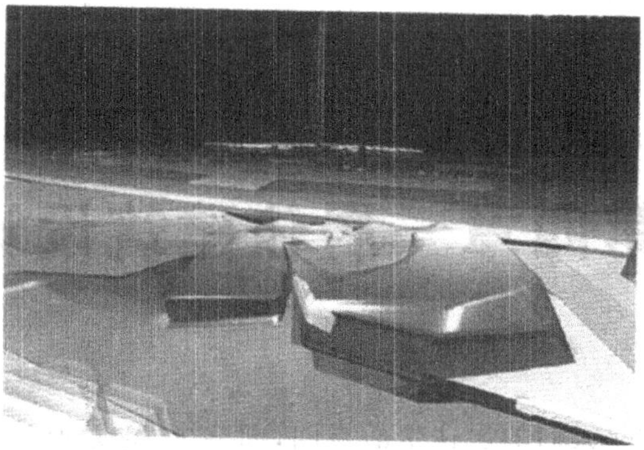

图 3-39　建筑一角

图 3-40　建筑环境全景

第四章 居住建筑设计

居住建筑指的是人们的居住生活空间，即住宅，它是保护人类生存的物质条件，会受自然环境、地区特点、民族风俗和生活习惯等因素的影响。随着人类社会的发展，人们生活水平的逐步提高的同时，居住建筑设计也在产生着变化与更新。本章主要研究居住建筑的结构设计、设备设计以及低碳化设计策略。

第一节 居住建筑结构设计

一、居住建筑结构设计的目标与常见问题

（一）居住建筑结构设计的目标

结构设计指的是把建筑师及其他专业工程师所要表达的通过设计展现出来。建筑师在居住建筑设计中，需要选用恰当的结构形式来表达设计目标，即用合理的结构形式和材料，使建筑结构能达到的承载力、刚度和稳定性，能在一定的使用年限内确保居住人的居住安全，同时建筑师还要考虑到施工环境的方便与经济性，主要体现在以下四点：

1. 保证建筑安全

住宅结构设计最基本的要求是建筑的安全性，结构设计过程必须按照《建筑结构可靠度设计统一标准》（GB 50068—2001）等国家标准来设计并实施，在保证结构安全性的前提下，使设计的结构形式、材料的等方面都具有抗风抗震等综合防灾

的作用。

在结构设计中，要特别注意住宅建筑中的裂缝问题，我国相关规范把混凝土构件的裂缝控制分为以下三个等级：一级为严格要求不出现裂缝的构件；二级为一般要求不出现裂缝的构件；三级为允许出现裂缝的构件，但最大裂缝宽度不超过0.3mm。普通钢筋混凝土构件在出现裂缝后虽仍能使用，但不能保证其不会有裂缝产生。所以，在设计时通常不进行抗裂计算，只严格要求其裂缝宽度在最大裂缝宽度以下。住宅中的裂缝一般不会产生坍塌等危害，但会在一定程度上对使用者的心理造成影响，因而需要尽量避免墙体、梁、板等构件中有裂缝的现象发生，必须按照住宅设计中的相关条款规定严格执行设计建造。

2.保证结构耐久

根据《建筑结构可靠度设计统一标准》(GB50068—2001)规定，一般房屋建筑包括住宅建筑，其设计使用年限为50年。由于住宅的合理使用年限与使用者的切身利益有着直接关系，所以需要确保住宅建筑有正常维护，使之能够在规定的使用时间年限中不用进行大规模的修建。在选择住宅结构方案时，需要对设计中可以改动的地方进行预设，以便给住户以后改变房屋空间留下余地，譬如选用剪力墙结构时，可以采用大开间进行布置，避免推倒重建，保证居住建筑的耐用性。

3.保证居住舒适

住宅建筑结构需要为广大使用者创设良好的硬件条件，诸如多种户型设计、室内空间的分隔以及良好的居住环境等，因此，结构设计需要融合建筑和机电专业的内容要求，使用隔声较好的分隔墙材料，让室内不露柱和梁，简约明亮的环境给人以舒服惬意之感。结构设计中经常使用“隐梁隐柱”技术：“隐梁”指的是只在有间墙面积不大的地方设梁，同时，梁宽的宽度与墙体相同；“隐柱”指的是用两种方法进行设计，一种是根据建筑平面将柱子设计成L、T、十字等形状，柱宽和墙一样宽，把柱子“镶嵌”入墙内后外面看不出其变化，另一种是将柱子凸向外墙、阳台或厨厕等次要房间，使厅等空间比较完整。

4.保证住宅经济

结构设计按照房屋的建造地点、平立面、体形、住宅层数，以住宅的安全性、耐久性和舒适性为前提，选用经济合理的结构体系，譬如，砖混结构远要比钢筋混凝土结构成本低，框剪结构的经济性要比框筒结构的好。而且，构件设计时要注意节省，避免不必要的开支，因此在设计方案时要按照住宅结构体系标准设计，提升住宅的经济性。

（二）居住建筑结构设计中常见的问题及解决措施

居住建筑结构设计里经常会遇到一些问题，针对这些问题我们做了相关研究，经分析得出这些问题产生的原因有多方面，相关人员可从居住建筑结构设计的实际情况出发，对这些问题采取相应的解决措施。

1.居住结构超高

最近几年随着地震灾害的频发，高层建筑工程受到不同程度的损害。所以，为了减小这类灾害造成的影响，就要把建筑的高度控制在规定范围内，同时，注意防震结构设计。严禁建筑物高度超过标准高度，提升相关设计人员对高度的重视度，在施工前对建筑高度进行严格把控，避免发生施工事故，引发经济纠纷，耽误正常的施工。

2.嵌固端设置环节中的问题

目前，高层建筑都配有1～4层的地下室和相应的人防设备，设计人员在设计时常会忽视地下室顶板位置和人防顶板位置设置的嵌固端结构，引发施工过程中需要修改等问题。为了避免这种情况的发生，设计人员需要重视对该位置的嵌固端结构的设计，使施工正常、安全、有序地展开①。

二、居住建筑结构设计的内容与要点

（一）居住建筑结构设计的内容

1.结构设计的过程

建筑物的设计主要有建筑设计、结构设计、给水排水设计、暖通通风设计和电

① 刘缵冉.居住建筑结构设计常遇到的问题分析[J].工程技术：全文版，2016(7).

气设计等内容。建筑结构是一个建筑物发挥其使用功能的基础，所以，结构设计作为建筑物设计非常重要的部分，包括方案设计、结构分析、构件设计、绘施工图四个步骤。

(1)方案设计。方案设计又叫作初步设计，安全可靠的优秀设计是以合理的结构方案作为支撑的。结构方案设计主要包含结构选型、结构布置和主要构件的截面尺寸估算等。其中结构选型分为上部结构选型和基础选型，把建筑物的功能要求、场地的工程地质条件、现场施工条件、工期要求和当地的环境要求进行比较和分析，来确定方案；但是结构布置主要有定位轴线、构件布置和设置变形缝几类；完成结构布置后，预测、构件的截面尺寸，展开下一步。

(2)结构分析。计算结构需要在各种外力作用下进行结构分析，结构分析是结构设计的重要内容之一。其主要是指计算模型确定后，把计算简图和采用的计算理论作为主要内容。结构分析正确，则设计的结构就具有安全性、适用性和耐久性等功能作用。

(3)构件设计。构件设计主要包含截面设计和节点设计两方面内容。节点设计也叫作连接设计，在钢结构设计中较为重要。截面设计也叫作配筋计算，包括方案设计阶段和构件设计阶段，这两个阶段可以初步确定截面尺寸，确定钢筋类型、放置位置和数量。

(4)绘制施工图。设计的最后一个阶段是绘制施工图，即工程师在图纸上展现自己的设计意图，该图面具有正确性、简明性、美观性的特点。

结构设计需要运用规划、建筑、设备、电气等专业的知识，除了这些结构专业本身的技术问题之外，还要大体上对规划要求、建筑特点、设备管道系统、电气设备等了解掌握。特别是规划专业中住宅建筑高度、住宅平面和竖向布置的规定、场地所在地区的抗震设防标准以及街景规划对建筑物立面的规定等；与水、暖、电专业的配合需要结构设计人员充分了解水箱、水池等大型设备的所在位置及重量，熟悉电梯机房等的荷载、基坑做法、楼板留洞等资料，清楚设备管道穿过梁、柱以及设备管井穿过楼板时采取的结构加强措施，了解电气管子穿过楼板时对楼板厚度的要求以及管子在梁下穿行时对框架梁、剪力墙连梁截面高度的要求等。与以上专业相比，建筑专业与结构设计的关系较为紧密，通常建筑师根据规划、业主的意图，按照使用要求划定住宅的平面、立面、剖面，结构专业需要进行插入设计。这就要求建筑学专业要具备较高的综合知识。建筑设计人员只有具备了这些素质，在施行方案时才可了解结构设计的基本概念、结构选型，增加方案结构的可行性，建筑方案才可能最优，使结构设计在建筑设计中处于主动地位。

因此，设计过程中，建筑与结构专业要互相协作、理解，共同解决结构设计中专业之间的矛盾，建筑设计人员应认真按规范进行设计，也可就相关结构设计进行研究探讨，融洽的设计氛围，有利于设计出理想的住宅。

2.结构概念设计

结构概念设计指的是设计人员运用所掌握的知识和经验，从宏观上来解决结构设计中的基本问题，建筑师尤其应掌握好结构的概念设计。可从以下几个方面对住宅概念设计进行掌握：结构方案要根据建筑使用功能、房屋高度、地理环境、施工技术条件、材料供应情况和有无抗震设防选择合理的结构类型；竖向荷载、风荷载及地震作用对不同结构体系的受力特点；风荷载、地震作用及竖向荷载的传递途径；结构破坏的机制和过程，加强结构的关键部位和薄弱环节；建筑结构的整体性，承载力和刚度在平面内沿高度均匀分布，避免突变和应力集中；预估和控制各类结构及构件塑性铰区可能出现的部位和范围；抗震房屋应设计成具有高延性的耗能结构，并具有多道防线；地基变形对上部结构的影响，地基基础与上部结构协同工作的可能性；各类结构材料的特性及其受温度变化的影响；非结构性部件对主体结构抗震产生的有利和不利影响，要协调布置，并保证与主体结构连接构造的可靠性等。

例如概念设计表现在抗震设计上，可以清晰地总结如下：

(1)结构的简单性。结构简单指的是结构在地震作用下可产生直接和明确的传力方式，结构的计算模型，内力和位移分析以及限制薄弱部位出现都易于把握，对结构抗震性能的预测也比较可靠。

(2)结构的规则和均匀性。建筑物竖向的建筑造型和结构布置是较为均匀的，为了防止刚度、承载能力和传力途径发生突然的改变，限制结构可使竖向某一楼层或极少数几个楼层产生敏感的薄弱部位；相对来说，建筑平面较为规则，平面内结构布置较为均匀，正是由于此，地震时，建筑物分布质量形成的惯性力会以比较短和直接的途径发生传递效用，让质量分布与结构刚度之间相互协调，有序分布，使得限制质量与刚度之间不存在偏心的情况。

(3)结构的刚度适中。在筛选结构刚度时，一方面需要根据场地特征，筛选结构刚度，避免地震带来的一系列效应，另一方面也要控制结构变形发生增大，因为若大程度的变形，建筑结构会受到损坏。结构不仅要在水平方向有一定的刚度和抗震能力，还要具备充足的抗扭刚度和抵抗扭转振动的能力。在抗震设计计算中，特别注意对高层楼栋的结构的抗扭刚度和抵抗扭转振动的能力的设计。

(4)结构的整体性。高层建筑结构中,楼盖作为建筑最上层最直接的保护壳,必须具备足够的面内刚度和抗力,连接起建筑竖向的各个子结构,使高层建筑基础与上部结构具有整体性。

(二)居住建筑结构设计要点分析

1.地基设计

建筑设计人员要按照当地的设计规范标准设计,即各个地区规划制定的地基基础设计规范,其中详细规定了设计要求,相关设计人员据此展开建筑地基基础设计。因此,要求建筑设计师对规定了然于心,设计出合理的,具有安全性的居住建筑,避免后期发生施工事故,地基是建筑物的重中之重,之后的建筑施工都是在此基础上展开的,所以必须加以重视。

2.楼层平面刚度设计

建筑物楼层平面的刚度设计非常容易在建筑结构设计时出现问题。经过实践发现,设计人员用楼板变形的相关计算程序确定楼板变形程度,尽管在数学建模理论上成立,但用其计算变形的结果也是不准确的,甚至在施行中具有一定的危险性。这是建筑结构设计师在基础结构概念上的知识掌握不扎实,计算错误造成的。因此,建筑物楼层平面的刚度设计需要避免楼层在设计时,发生变形,譬如门外伸翼块长、凹槽缺口深、楼层开洞等。针对这些问题,我们在进行建筑设计时需要重视配筋以及结构布置等方面,若不能进行刚性楼面设计,可通过设置联系梁板的方式,增加暗梁和边梁或者联系梁板的配筋量。

第二节　居住建筑设备设计

一、给水排水设计

(一)用水类型

建筑要有供水、排水设备设施,方便人们使用。在原始环境中,人们直接在水塘或溪流中取水或者用容器把水搬运到别处饮用。随着社会的发展，科技工业的进步，在满足人们生活所需的同时，也带来了一定的环境污染，致使部分地表水不能直接被人们饮用，可以饮用的水需要采用给水管道运输到各个用水点，才可保证供水洁净。

根据水的特点把用水分为生产给水、生活给水、消防给水三类。

(1)生产给水。这指的是生产设备冷却、原料和产品洗涤、锅炉给水及某些工业原料等用水，并且对水质、水量、水压及安全等方面有不同程度的要求。

(2)生活给水。这指的是建筑和工业建筑饮用、烹调、盥洗、洗涤、淋浴等用水，这类用水关乎人们的身体健康，所以需要严格按照国家规定的饮用水水质标准提供。随着人们对水需求量的大幅提升，住宅区、综合楼等建筑设置了管道直接饮水给水系统。

(3)消防给水。为了在火灾发生时及时的控制、扑灭火，在民用建筑中的消火栓及自动喷水灭火系统对水质要求不高，注重的是水量和水压地提供，特别是多层和高层建筑。

(二)给水系统

建筑内部通过给水系统经城镇或城市给水管网或自备水源给水网输送水到所需室内，配送的水质、水量、水压和水温等都能够满足人们的使用需求。另外建筑内部也会设置排水系统将人们使用过的污水、自然气象产生的雨水、雪水，通过排水管线及设备排出到室外。

结合技术、经济、社会和环境等各种因素设计建筑给水排水组织。室内的给水系统一般由管道、阀门和用水设备等构成。生活用水需要注意水质、水量、水压和水温等因素，以便及时的满足人们所需。当水压不足时，水就无法被输送到所需室内，因此在设计排水组织时，需要安装水泵、水池和水箱等设施，采用稳压、减压等技术确保所需供水，给水系统示意图如图 4-1 所示。

给水系统主要由以下几部分组成：

(1)引入管。把建筑物附近的室外给水管网或市政供水管网的水管直接引入住宅楼，其穿越建筑物的总进水管，也称进户管。

(2)水表节点。在引入管上的水表及其前后设置闸阀、泄水装置等，以计量用水。

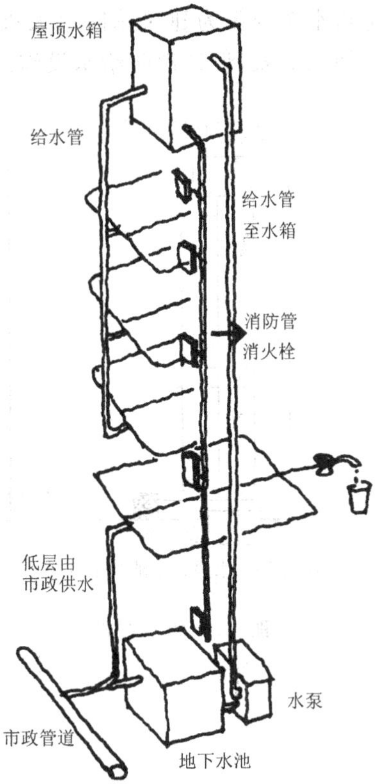

图 4-1　给水系统示意图

(3)管网系统。包括干管,引入管进入室内的水平干管,主干管因布置不同分为下行上给管(底层地面)和上行下给水式干管(布置在顶棚顶层),主管为水平管,接各楼层,支管连接到每个用水点。

(4)给水附件。管路上配水龙头及相应的闸阀、止回阀、球阀等。

(5)升压和贮水设备。当室外管网的水压不足或室内有安全供水、水压稳定的要求时所必须设置的水泵、水箱、水池等。

(6)消防给水设备。按照消防安全要求设置消火栓、自动喷水灭火的设备装置。

参考建筑外部给水系统状况并按照用户所需设计给水系统,其主要分为借助外网压力的"直接供水"和借助水泵升压的"间接给水"两种给水方式。前者适用于单层、多层建筑，后者适用于高层建筑。若室内用水不均匀则采用如图 4-2 所示的分区并列给水方式。消防给水系统作为建筑物防火灭火的主要设备，需要针对不同的建筑类型、建筑高度、使用对象，设计消防给水设施。

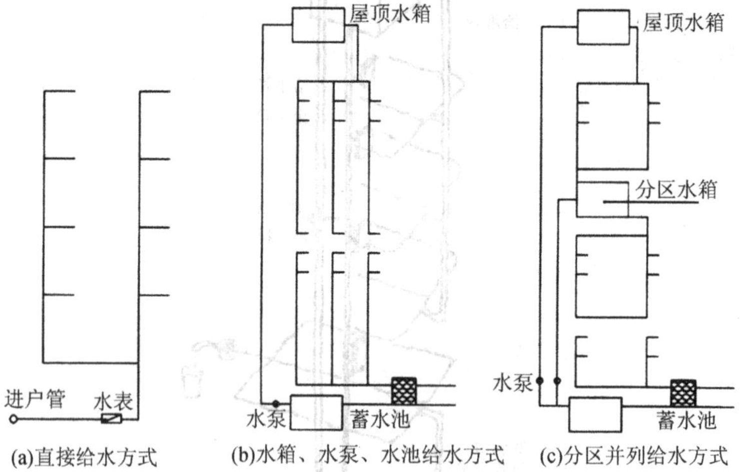

图 4-2　给水方式

(三)排水系统

1. 室内排水系统组成

(1)排水构件组成。

1)卫生器具：受水器，即洗面盆、洗浴盆(池)，便溺用卫生器具，冲洗设备，洗衣机等。

2)排水管道：横管、立管、存水弯(水封)、地漏、管检查(维修)口、通气管道。

3)提升设备：加强设备建设，管道不能自排水的部位用水泵(如地下室排水)。

(2)室外污水局部处理的构筑物。

室外污水局部处理的构筑物，如窨井、化粪池等。

室内排水系统基本组成如图 4-3 所示，排水管道组合类型如图 4-4 所示。

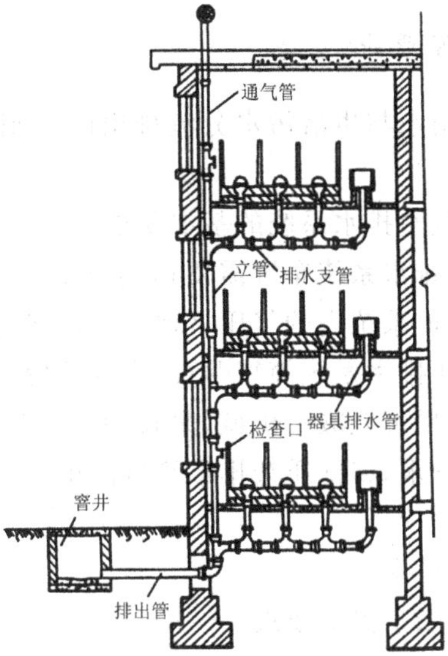

图 4-3　室内排水系统基本组成

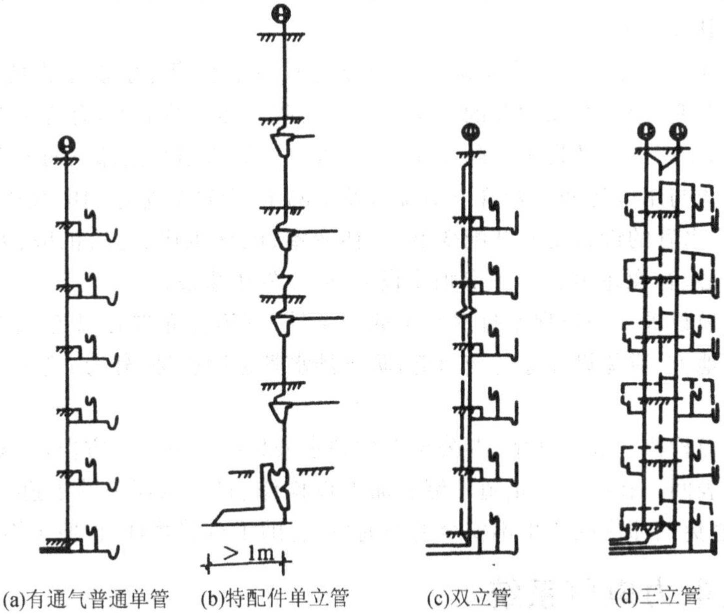

图 4-4　排水管道组合类型

2. 排水系统的布置要求

建筑排水需要依据雨水与生活污水分流排出的原则，严格按照国家或地方有关规定设计排水系统。

(1)建筑内部污水、废水排水系统的基本要求。

建筑内部污水、废水排水系统布置需要达到以下三点：①系统先将污水、废水快速排出室外；②排水管道系统内的气压呈现在稳定状态，避免有毒有害气体进入室内；③合理布置管线，使排水系统简短顺直，降低造价。为了降低电耗，排水系统应选用重力流方式排水，尽可能减少机械(泵排)排水设施占用的空间。如果具备一定条件可以选用分质排水，将优质杂排水经过简单处理达到中水水质，减少在水处理方面的经济花费。

(2)排水管线的布置要求。

排水管线的布置，应满足以下要求：

1)管线与生活用房。为了创造一个安全、卫生、舒适、安静、美观的生活、生产环境，排水立管的设计要避开卧室、病房等卫生的房间，且要设计在卧室相邻的内墙之外的其他地方。

2)管线与服务用房。为了确保房间或场所的排水管道能够正常使用，排水管道的设置要避开食堂、饮食业的主副食操作烹调餐部位的上方，有特殊卫生要求的地方，譬如生产产房及贵重商品仓库，还需避开生活饮用水池部位的上方。

3)管线与用电房间。若管道给排水发生漏水，会产生配电间电气故障或短路。因此，给排水管的设置要避开配变电房、档案室、电梯机房、通信机房、大中型计算机网络中心、音像库房、CT 室等怕水设备，防止发生事故。

4)管道设置。为确保给排水系统的安全性，管道要布置在风道、烟道、电梯井内之外的地方，避免设在穿越变形缝，防止排水管道因腐蚀、外力、热烤等因素受到破坏。

5)管道检修。高层住宅、办公楼考虑到水表集中计量比较方便，一般在核心筒位置建水表间。在靠公共走道一侧墙面上设检修洞口，每层公共走道一侧安装管道井，以避免相邻房间产生不安全的联通体，有助于对其管理，也便于维修。

二、电力电气系统

室内的电力电气系统有配线、配电、插座、开关、灯具和一切用电设备。我国民用建筑室内电压主要有 220V、380V 两类，供不同电流负载的用电设备使用。民用建筑室内线路在设计时一般为暗敷，即在墙体、楼板内安置电线穿套，且有一定的使用空间，如住宅的一户内，安装一个配电箱，加载短路保护、过载保护等。

（一）建筑电气分类

1.强电系统

建筑电气强电系统主要由动力供电、配电系统组成，如变配电所（站），配电线路的电力、照明系统及建筑物的防雷、接地安全保护系统。

2.弱电系统

建筑电气弱电系统主要包括以下内容：

（1）由信息传递与自动控制系统构成，如电话、广播、电视、消防报警与联动、防盗等系统。

（2）建筑电气弱电系统还包括公用设施，如给水、排水、供暖、空气调节、通风等的自动控制及信号传输。

（3）智能化建筑电气设计中包括垂直、水平运输系统自动化供配电控制，如电梯，建筑物的照明、火灾报警、保安防盗等系统的监控，通信系统的网络化等。

（二）电力负荷单位分级

电力系统由发电厂（电能生产工厂）、电力网（电能输送和分配设备）、用电户（电能消耗设施设备）三部分构成。用电户称作“电力负荷单位”，是发电厂和电力网的服务对象；电力负荷单位需要满足供电的可靠性要求，在政治、经济方面能够缓解中断供电造成的损失，把电力负荷单位分为三个级别，即一级、二级、三级，每个级别的设置条件和供电要求主要有以下几点。

1.一级负荷

设置条件：①中断供电可能发生人员伤亡事故，如省级医院手术室；②中断供电在政治、经济上可能发生重大损失，如国家级电视台直播室；③中断供电在经济、政治上产生重大影响，如市级及以上的气象台、雷达站等。

供电要求：主要由两个电源供电，若一个电源发生故障，另一个电源不受到影响，可以正常供电。

2. 二级负荷

设置条件：①中断供电可能会对政治、经济造成损失，如银行营业厅；②中断供电会对重要用电单位的正常工作产生影响，例如，部级、省级办公建筑及主要用房。

供电要求：宜由两个回路供电。

3. 三级负荷

设置条件：不属于一级和二级负荷的电力负荷。

供电要求：对供电没有什么特殊要求。

（三）电气照明

灯具设计作为室内设计的重点之一，在具体的建筑光环境设计下应涉及的具体内容及要求有：保证一定的照度（会堂 200 lx、体育馆 200～250 lx）；适宜的亮度分布；避免眩光现象；选用美观、节能的灯具样式和营造一定的灯光艺术效果。眩光主要指的是人眼遇到过强的光线时，视野会受到过强光线的影响，眼睛不能发挥作用。发光体角度与眩光的关系如图 4-5 所示，由图可知若光源与人眼的角度值在 0°～30°范围时，眩光最为强烈。较容易产生眩光的灯常见的有白炽灯、碘钨灯等。避免眩光的方法：增大灯具保护角；防止光源外露；增加光源悬挂高度；采用间接照明或漫射照明。此外，阳光采光口位置不佳、光亮度和强光方向不合理都会使室内产生眩光现象。

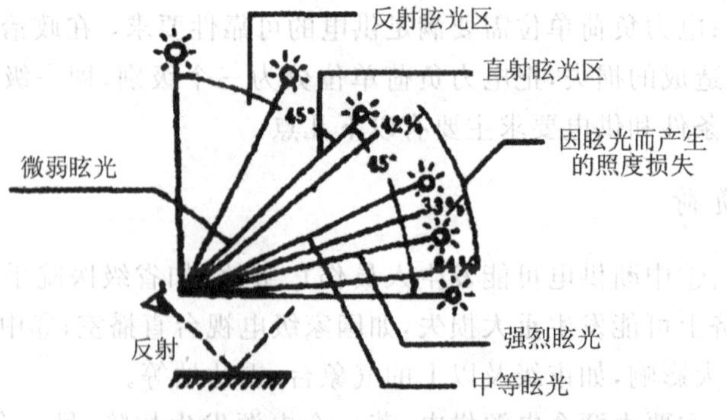

图 4-5　发光体角度与眩光的关系

明视照明和环境照明在照明设计的数量及质量方面是不同的，因此不同照明目的的实现程度也就不同。如果想要保持良好的视力，就要注重照明质量，在提升工作效率的同时保证工作的质量。总的来说，照明的要求主要含有以下几个方面的内容：

(1)光源色表及显色性。按照不同的房间功能要求确定光源的色表及显色性，比如设计室常选用的冷色荧光灯。

(2)照明均匀度。决定受照物明亮程度的间接指标是照度，我们常见的大多数能够连续工作的室内作业场所的适宜照度范围为500～1000 lx。为了缓解人的眼睛由于照度的不同带来的不适感，室内照度应该有均匀地分布。

(3)视觉眩光。在视野中有不适宜的亮度分布或其范围，或有极端对比现象，使人产生不舒适感觉造成视觉降低，不能细致的观察细部或目标，这种现象被称作眩光。为了控制眩光，可选择遮光角范围在15°～30°，且安装高度适宜，具有低亮度大面积发光的特点的灯具；也可以选用上射通光量的灯具或者提高房间表面的反射比，缓解视野内的亮度分布情况，来限制眩光现象(图4-6)。

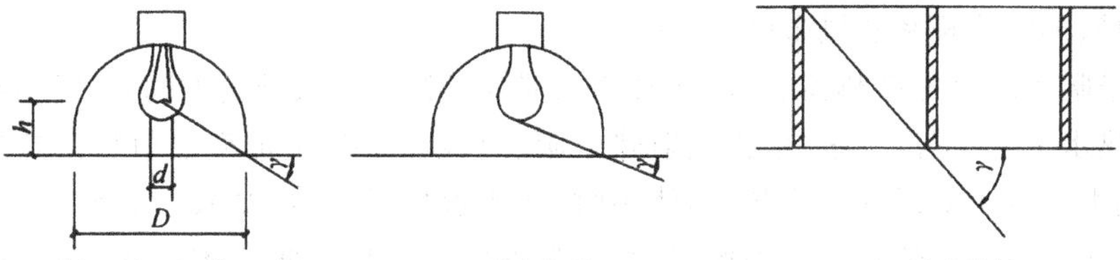

图4-6　灯具的遮光角

(a)普通灯泡；(b)乳白灯泡；(c)挡光格片

市政电网是提供室内用电的重要来源，某些重要建筑通常装有自备电源和应急电源，即采用发电机组进行室内供电，达到临时使用的要求。除此之外，建筑的防雷系统也属于电力设计的范畴。建筑采用设置避雷针、引下线和接地极等方法实现防雷。

三、暖通空调设计

在选用集中式采暖和空调时，需要对设备及管道的位置进行妥善安置，在发挥效用的同时，还具有一定的美感。建筑层高要充分留有设备与管道使用的空间，充分利用吊顶空间、桁架上的空间、下弦之间的空间来布置设备与管道。暖通设备系统中需注意建筑物围护结构的选用。建筑物围护结构采用热工计算的方法，来研究其构造。围护过程中门、窗也要做适当的密闭处理。选用集中式采暖和空调时，必须具备相应的设备用房（如锅炉房、冷冻机房、空调机房等）和设施（如风管、管道、地沟、管道井、散热器、送风口、回风口等）。建筑布局设计中，设备用房的位置和大小要进行恰当的设计，使各种设施与装修设计密切配合。选用局部空调时，应参考空调机组的位置，使之与建筑立面处理相结合。

建筑采暖、通风、空调系统设计主要是为了能够营造舒适健康的空间环境，改善建筑环境气候。因此，我们需要借助环境科学技术，遵循“以人为本”的原则，选用合理方案进行设计，满足人们生活需求的同时，为社会带来一定的环境、经济效益。

（一）采暖系统

建筑采暖设计主要是为寒冷地区建筑提供热源，能够满足寒冷地区与非寒冷地区不同程度的取暖需求。系统一般由热源、热媒管道、散热设备三部分环节构成。采暖系统根据工作范围可分为局部供热和集中供热；根据采暖媒介可分为热水采暖、蒸汽采暖和热风采暖。

采暖系统分为散热器、阀门和管道三部分。根据热媒种类不同，采暖系统可以分为热水采暖、蒸汽采暖、地板辐射热采暖、热风器采暖及带型辐射板采暖等。其中，热水采暖主要以热水为热源，使用时，热水温度适宜、冷却较慢，会产生稳定的室温，让人有舒适的感觉。因此，热水采暖被用作工业建筑、居住建筑、托幼建筑等用水。而蒸汽采暖却不一样，散热器表面温度较高，易热也易冷，常被用在如学校、剧院和会堂等间歇采暖的公共建筑中。

在我国北方地区的冬天，主要选用集中供暖方式，借助锅炉热水或蒸汽来取暖。而南方地区的冬天，通常选用局部供暖的方式，譬如热风管道。前面提到的供暖方式，都要通过消耗煤、油、气、电等能源来获取热量。因此，人们越来越重视能源的节约与利用，加大开发能源的措施，保护生态环境。研究出太阳能、地热等绿色能源进行室内供暖。

（二）通风系统

通风又叫作换气，它指的是，将室内中的污浊空气排出室外的同时把新鲜的空气送入室内的方式，从而达到改善室内空气环境的目的。根据系统的工作范围可把建筑通风设计分为局部通风和全面通风；根据工作方式可分为自然通风与机械通风。

建筑通风建筑通风设计主要有稀释通风与冷却通风两种形式。稀释通风指的是用新鲜空气来稀释房间内有害气体，使房间内的浓度达到正常浓度及以下；冷却通风即利用室外空气将房间内的多余热量排出室外。通风系统根据工作范围分为局部通风和全面通风两种方式；局部通风指的是局部设置机械设备排出污浊空气；全面通风指的是整体组织通风换气设施。通风系统根据工作方式可分为自然通风与机械通风。自然通风指的是经过建筑门窗设置实现换气；借助风机产生的压力强制空气流动的技术被称为机械通风。

1. 自然通风

自然通风分为风压、热压、风压热压综合作用三种类型。风压可以帮助无法散热的房间散热。而能够散热量的房间主要采用热压散热。夏天自然通风的室内进风口的下缘离地面大约有 0.3～1.2m，若比这个范围值高则会使进风效率下降；冬季用的室内进风口的下缘离地面不应比 4m 低，如果不到 4m，应避免冷风吹向工作地点。

2. 机械通风

居住建筑中的厨房、卫生间，自然通风不能达到的室内快速通风的目的时，就需要选用局部机械通风系统进行通风。机械通风维持正压的房间，多是空调房间、洁净房间，机械通风维持负压的房间，多为有有害气体或烟尘产生的房间。机械通风系统需要有组织的配合(图 4-7)。机械通风系统形式主要有独立水平风管、共同竖向风道系统、组合通风系统三类。

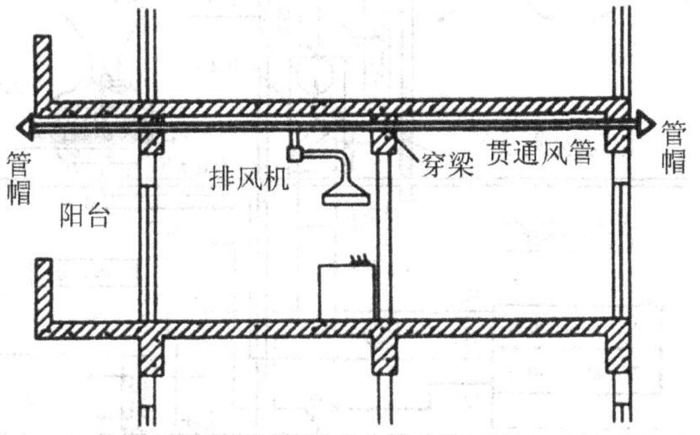

图 4-7　水平风管系统形式

生产厂房的气体突然放散出会有爆炸危险，因此应该设置事故排风口。事故排风的室外排风口，应比不低于20m范围内最高建筑物屋面3m，距送风系统进风口范围20m时，应比进风口要高出6m以上，才能属于安全建筑。

（三）空调系统

一些高标准的民用建筑，如宾馆、商店、影剧院等，会受到室内的温度、湿度和清洁度因素的影响，因此应该严格按照其范围值设定。需要采用对送入的空气净化、加热或冷却、干燥或加湿等处理的方法帮助换气，这种通风方法叫作空气调节，简称空调。当室内达到一定的温度、湿度时，借助空调技术所要用到的各种设备（空调机）、冷热介质、输送管道及控制系统的总称为空调系统。

建筑空调设计是采用人工方法对室内空气温度、相对湿度、洁净度和气流速度等进行调节。当前，我国多数民用建筑都设有空调系统，来调节室内空气温度和湿度。根据送风方式，可将空调系统分为以下三类：集中式空调、局部式空调、混合式空调。集中式空调指的是把各种空气处理设备和风机集中设置在专用房间里，采用风管对多处同时送风(图4-8)。空调系统中一切设备、风机、冷却器、加湿器、净化器都被安置在一个集中空调房间里，空气在被集中处理后，送至每个空调用房。风量大且风集中的大空间建筑，如影剧院、体育馆、大会堂等。局部式空调指的是把空调机组直接放在需要空调的房间或相邻房间，就地局部处理房间的空气。多用在住宅、宾馆、办公楼等处。

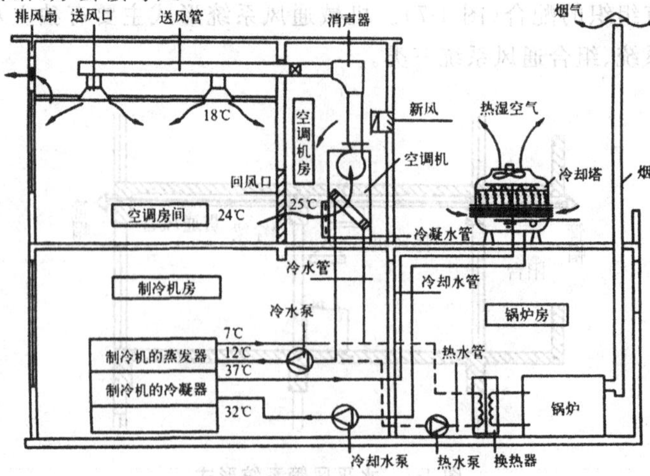

图4-8　集中式空调系统示意图

现如今，各种型号的空调机组被生产出来，用户可以按照自己的需求选用合适的空调机。混合式空调除了有集中处理的空调系统之外，还有局部处理，主要能对空气环境的公共建筑，如高级宾馆等地方进行调节。人们逐渐认识到生态环境重要性，绿色建筑逐渐走入人们的视野中，譬如节能门窗、保温隔热的围护结构等一些环保新技术。

第三节　居住建筑低碳化设计策略

一、居住建筑低碳化设计的技术与影响因素

（一）居住建筑低碳化设计的技术

为了达到居住建筑低碳化、低能耗的目标，采取了诸如降低二氧化碳排放等措施，被提倡的主要有以下技术：

（1）以非机动交通（含步行，自行车等）和公共交通优先为原则，围绕“以人为本”的理念发展交通体系和道路设计。

（2）以高效吸收二氧化碳的景观绿化体系为优先发展措施。

（3）采用规划设计降低热岛效应；美化室外风环境，使建筑物前后压差在冬季小于或等于 5Pa，在夏季建筑物前后压差约为 1.5Pa，这样能够降低冬季的冷风渗透，为夏季和过渡季的室内自然通风提供有利条件。

（4）对住宅建筑平面进行合理布置，便于自然通风，充分利用天然采光。

（5）改进建筑围护结构的热工性能，减少建筑空调采暖负荷。

（6）结合多方面的因素考虑，选择合理的建筑能源供应方案，优化设备系统。

（7）充分、高效地利用各种可再生能源，降低空调、采暖、生活热水、炊事、照明等住宅常规能源的消耗。

（8）选用全生命周期内资源消耗少、环境影响小的物业办公和家庭用家电、家具产品。

（9）提高居民节能意识，推广低碳生活方式。

（10）倡导自愿选择碳平衡手段，消减各种碳汇。

以上技术运用中，要特别重视被动式设计（Passive Design），所谓被动式设计，

就是被动式技术优先、主动式技术(设备系统)优化的技术策略。选择关键技术策略进行优化整合,以技术整合替代技术策略集成。

(二)相关建筑要素的影响与调控

1. 建筑体形系数的影响

一定围合体积下接触室外空气和光线的外表面积受建筑体形的影响,若建筑体形发生改变,则室内与室外的热交换界面面积也会相应地出现变化,与此同时,角部热桥敏感部位也会随着形状不同发生增减,会影响建筑物在不同朝向不同的太阳辐射面积,如图 4-9 所示:若建筑物体积相同,*D* 是冬季日辐射得热最少,夏季则最热的建筑体形;*C*、*E* 两种体形的全年太阳辐射得热量较为均衡,而长宽、高比例较为适宜的 *B*,在冬季得热较多而夏季相对得热较少。所以,建筑体形设计与建筑节能作为体形设计中的一个重要考虑因素。

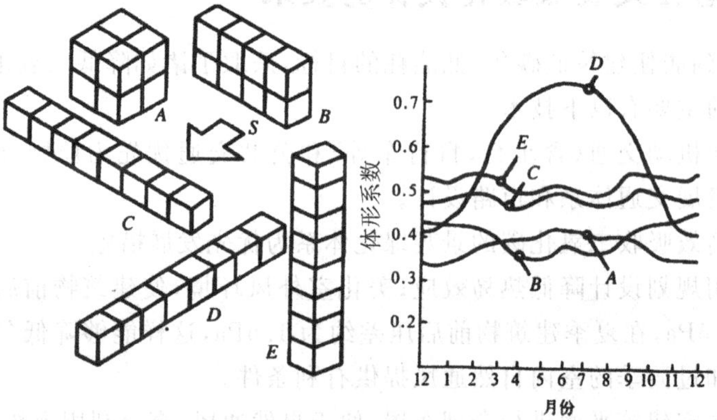

图 4-9 相同体积不同体形建筑日辐射得热量

体形系数作为建筑体形的重要指标之一,即单位体积的建筑外表面积。它在建筑设计中代表着建筑单体的外形复杂程度。体形系数与建筑体积的建筑物外表面积呈正比。即条件相同时,建筑物向室外散失的热量会越多。实验证明,建筑物体形系数每增加 0.1,建筑物的累计耗热量增加 10%~20%。但是这个数据并不代表体形系数越小越好,譬如,非寒冷地区,若建筑体形系数大,散热面积也就提高,反之则会减少,造成夏季空调的负荷。而冬季时,随着建筑物南立面的减少,太阳热量也会减少,建筑的采暖负荷增大(图 4-10)。

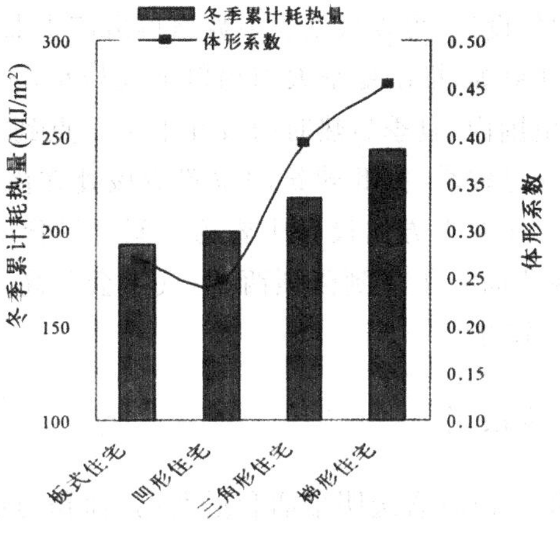

图 4-10　建筑能耗比较

2. 建筑朝向的选择

建筑整体布局的朝向的选择确定是建筑整体布局首先考虑的内容之一。朝向的选择上，在夏季可以自然通风，避免太阳辐射；冬季能够有充足的日照，避开冬季主导风向。在北半球，房屋的朝向多为“坐北朝南”。这种朝向的房屋在夏季能最大限度地没有太阳辐射热，同时南向外墙可以减少受热条件，而冬季则正好相反。除此之外，建筑朝向对建筑本身的通风情况也会有一定的影响，改变建筑物的能耗。建筑的理想日照方向反而不利于通风，划定地区与建筑单体形状后，建筑物朝向的不同，会使建筑物本身获得的太阳辐射总得热量产生不同(图 4-11)，并且建筑物周边的通风条件也会出现较大差异。

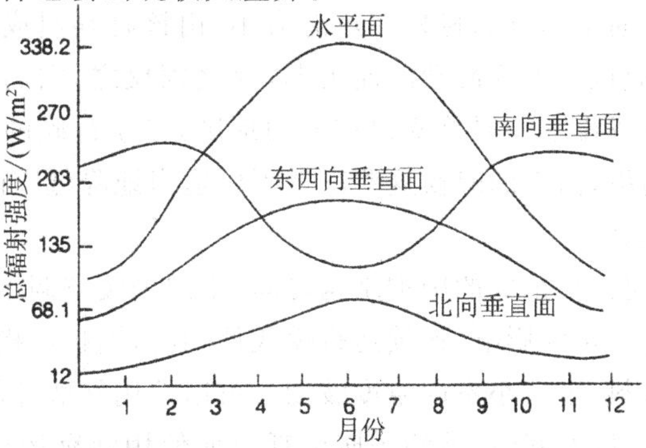

图 4-11　不同朝向垂直表面的平均太阳辐射强度

建筑的主要房间的设计，可以根据表中数据得出，7 月最热、1 月最冷以及太阳辐射强度、风速风向气象等，推出夏季太阳辐射强度最小，冬季最大的位置在南偏东和南偏西各 30°的范围内，夏季最热时间段在下午 1 点到 3 点之间，此时的太阳辐射强度较大，室外气温较高，据此建筑的位置应该处在南偏西 15°到南偏东 30°处。可在建筑物正、背面两个方向设置主要的房间。尽管南偏西 15°方向没有南偏东 15°方向好，但西北向下午受到强烈西晒，气温会升高，所以还是选取南偏西 15°的位置设计建筑比较好。

3. 建筑窗墙比的控制

窗墙比即单一朝向外窗（含透明幕墙和透明门）面积与墙面积（含整个朝向外墙、外窗的总面积）的比值。窗户是影响热量损失的一个重要因素，具有夏季不能隔热、冬季散热较快的特点，建筑室内温度的调控需要借助空调、采暖设施，以及安装遮阳设施（特别是外遮阳），但是这些方法会损耗一定能源。虽然窗户在墙面中的面积并不大，但是传热损失却有可能接近甚至超过墙体。所以，在建筑设计中不提倡大玻璃建筑，以便节约能源。

经研究表明，夏季室内过热主要是由太阳辐射透过窗户进入室内造成的。所以可以通过调控窗墙比，安装遮阳设施（特别是外遮阳），以及提升窗的热功能性等措施，改善室内温度。

4. 围护结构材料的选用

围护结构具有热惯性，围护结构的传热量和温度波动与外扰波动幅度之间会存在一定的关系。通常厚重的材料蓄热能力小，由该材料组成的围护结构热稳定就低，房间温度相应抵抗外扰波动的能力弱，反之则反之，它们的这种关系影响着建筑能耗。特别是昼夜室外温差变化较大的地区，夏季夜晚的自然风的冷量蓄存在室内的围护结构里，白天的时候这些冷量可以适当地降低室内温度，减少使用空调的时间，节约了能源。

除此之外，相同材料组成的围护结构之间，不同采暖空调运行模式会对围护结构材料顺序设置有一定的影响，连续运行模式使用时，围护结构内侧应选择使用蓄热能力大的厚重材料，来减小室内温度波动。可以选用外墙外保温方式，轻质保温材料，在稳定房间温度的同时，节约采暖能耗。而使用间歇运行的采暖、空调模式时，室内温度可以在较短的时间里达到设定的温度值。对于建筑内运行模式的选择需要根据建筑能耗模拟计算，选出最恰当的节能围护结构方案。

二、居住建筑节能低碳设计策略

建筑节能和低碳设计受当地的气候条件的影响。不同的地方气候差别很大，太阳辐射量也大不相同，尽管在同一个严寒地区，寒冷时间和严寒程度也大不一样。各地区建筑的采暖与制冷的需求各有不同。炎热地区需要隔热、通风、遮阳，以防室内过热；寒冷地区需要保温、采暖，以保证室内具有适宜的温度与湿度。因而，从建筑节能设计的角度，需要结合不同气候区域的建筑进行设计。

（一）夏热冬冷地区

按照夏热冬冷地区的气候特征，居住建筑围护结构的热工性能必须要具有夏季隔热、冬季防寒的性能。

(1)和严寒与寒冷地区相比，体形系数对夏热冬冷地区居住建筑全年能耗的影响较小。但是体形系数会对围护结构的传热造成一定影响，还会影响建筑造型、平面布局、功能划分、采光通风等方面。所以，并不是体形系数越小越好，而应结合住宅采光、日照等因素，进行节能设计。

(2)夏热冬冷的部分地区也有室外风小，阴天多的天气，所以，该地区的窗墙比由建筑日照和自然通风的角度来决定。无论处于哪一季度，人们都有开窗通风的行为习惯，调节室内空气质量。特别是在夏季的雨后，开窗通风能够有效带走室内的热量，给人以舒适爽朗之感。所以，对于该地区的建筑设计可以选用自然通风的形式，或者是选用较大的南窗。南窗的面积不仅有利于通风，还能够在冬季的时候获得比较充足的光照。

(3)在夏热冬冷地区，夏季太阳辐射强度大、时间长，因此需要采取一些措施，对外窗遮阳、外墙和屋顶进行隔热。在经济技术等条件允许的情况下，可以把设计的重点放在保温隔热上，降低外墙的内表面温度。并且，需要采用外遮阳等方法防止或减少主要功能房间的东晒或西晒情况的发生。

（二）严寒与寒冷地区

严寒与寒冷地区的寒冷季节持续时间较长，住宅建筑节能可以有效解决冬季采暖节能。因此实现采暖节能的方法主要有以下几点：

(1)合理设计建筑朝向，使冬季太阳光进入室内，但要防止冬季主导风向对建筑带来的影响。

(2)改善建筑物围护结构保温性能,降低建筑体形系数和窗墙比。

(3)研究各类专门的通风换气窗,在减少热损失的前提下,设计建筑的可控的通风换气。

(三)夏热冬暖地区及温和地区

在夏热冬暖地区及温和地区,平均气温偏高,所以需要改善该地区的热环境,减少空调的使用,保护生态环境。夏热冬暖地区及温和地区的建筑设计,主要是通过屋顶、外墙和外窗来防止太阳直射,借助自然通风来将室内热量排出室外,以缓解人们的热感,所以,在夏热冬暖地区主要围绕隔热、遮阳、通风进行设计(图4-12)。

图 4-12　西双版纳傣族民居

(1)避免夏季的太阳辐射。围护结构可以选用浅色饰面材料进行粉刷,如浅粉色、白色等,降低外墙表面对太阳辐射热的吸收。也可采用蓄水屋顶、带阁楼层的坡屋顶、通风屋顶、植被屋顶以及遮阳屋顶等多种形式,帮助屋顶隔热。为了避免室内局部过热,可采用窗口遮阳的方式,使室内免受阳光直射。根据房屋的不同朝向,选用不同的遮阳设施的形式和构造,以平衡夏季和冬季对阳光的需求。

(2)外围护结构需要考虑降低传热系数、增大热惰性指标、保证热稳定性等因素,若要做到隔热保温,还需要对结构的材料和构造形式进行合理的选择。外围护结构能够控制内表面温度,使在室内的人体免受过量的辐射传热,要达到这种效果,最好选用重质围护结构构造方式。值得注意的是,室内外温大时,体形系数的降低，隔热效果并不显著。

（3）对建筑室内的自然通风进行合理组织。在夏热冬暖地区中的湿热地区，湿度要比其他地区高，昼夜温差也小，所以需要采用连续通风的形式实现降温。而干热地区，则要通过白天关窗、夜间通风的方式改善室内热环境。

第五章　公共建筑设计

公共建筑在人们的日常生活中扮演着十分重要的角色，是人们进行社会活动的重要场所。本章主要研究的是公共建筑中的餐饮建筑、商业建筑、图书馆建筑、医院建筑、展览建筑与汽车站建筑设计。

第一节　餐饮建筑与商业建筑

一、餐饮建筑设计

（一）餐饮建筑的构思与创意

1. 体现风格流派，设计“主题餐厅”

(1)体现风格流派。如果将餐饮建筑设计成特定的建筑风格或流派，将会突出餐饮店的形象和个性特征。在国外，一些中餐馆会设计成中国传统建筑风格，这种风格的餐馆往往门前摆放石狮子，室外高挂红灯笼，有的还有座牌楼，室内壁挂国画，镶嵌金光闪闪的“龙凤”，供奉“财神爷”“老寿星”，餐桌椅古朴典雅……让人很容易看出这种风格的餐馆经营的是中国菜。

古今中外的建筑风格流派有很多，并且这些风格被应用于中外餐饮建筑设计中。中国传统建筑风格的餐饮建筑又可分为以下不同的风格类型：苏州园林式、明清宫廷式（如“仿膳餐厅”）、唐风（图 5-1）及各种地方风格。西洋的类型则包括文艺复兴式、巴洛克式、古罗马式、哥特式、洛可可式、欧洲新古典式等。此外，还有日本和风、伊斯兰风格及其他各民族传统特色的风格。当然，也可以不设计成古典风格的，而设计成现代风格，现代风格包括后现代主义、解构主义、光洁派、高技派等各种流派。目前，国内的很多餐饮建筑都没有明显的风格，大多是将一些高档的材料堆砌起来，形式也大同小异。如果在设计的时候能抓住某种风格流派的特征，从建筑外形到室内的各个方面都能连贯体现这一风格流派，就会使该建筑具有明显的个性特征以及某种文化氛围。当然，如果要设计好某种风格流派的餐饮建筑，并不是非要将原有风格全都照搬过来，特别是古典风格。在设计古典风格的餐饮建筑时，要对古典风格的要素进行简化和提炼，并结合新材料的运用，使其在体现古典韵味的同时又具有现代感。

图 5-1　唐风中餐厅

餐厅风格应与其经营内容相吻合，饮食与环境相互烘托，方能相得益彰。不同风格的餐厅，其经营内容不同，例如，和风餐厅应经营日本料理，伊斯兰风格的餐厅应经营清真风味，“马克西姆餐厅”经营正宗法式西餐等。建筑形式风格与餐馆风味相差很远、环境氛围与餐饮不匹配的设计是失败的，就好比是在中国传统建筑风格的餐馆里吃西餐，难免会让人感到这个餐馆的西餐并不正宗。

(2)设计“主题餐厅”。餐饮建筑设计成功的一条重要途径就是赋予某种文化主题，设计“主题餐厅”。设计人要善于对各种社会需求及人的社会文化心理进行观察和分析。基于此，确定一个能为人喜爱和欣赏的文化主题，设计时紧紧围绕该主题，从外形到室内，从空间到家具陈设，将体现该主题的特定氛围烘托出来。这样的餐饮店肯定会很有新意，具有独特的魅力。

例如，云南丽江“茶马驿舍”主题餐厅，贯穿整个设计作品的元素就是“经幡”。将经幡经过变形、提炼、转化后，体现在吊灯造型上。当地的经幡是印有佛印的，当它们随风而舞的时候就代表着在不停地向神传达人的愿望，祈求神的庇护。经幡象征着人们的美好愿望，将这一元素运用到门厅、包厢、散客区等不同空间，其轻盈的造型和整体厚重的环境氛围能恰到好处的融合到一起。此外，餐厅中锅炉、火盆、木头的点缀在点明餐厅主题的同时又为其增添了一份异域情调。

有的餐厅以地方风情为主题，例如，北京的“西部牛仔扒房”“美国乡村酒吧”“好望角餐厅”，日本的“海上船屋”和以“丝绸之路”为主题的餐厅。可供选择的主题很多，设计者在设计的时候要充分发挥想象力，以“奇”制胜，以特色取胜。成功的主题餐厅设计会让人产生陌生感与新鲜感，让人感到惊喜。有主题的餐厅也便有了个性，设计师要围绕主题进行精心设计，方可营造出一种特别的文化氛围。

2. 运用高科技手段，餐饮与娱乐结合

(1)运用高科技手段。通过高科技手段，可以让人们对餐饮建筑与餐饮过程感到新奇、刺激，这能使年轻人喜欢猎奇和追求刺激的欲望得到满足。

洛杉矶一家“科幻餐厅”的厅内座席设计装修成宇宙飞船船舱的样子，当顾客面朝正前方坐下来时，就能看到一幅 $1m^2$ 的屏幕；当满座时，室内会变暗，同时还会传来播音员的声音——“宇宙飞船马上就要发射了。”“发射”时，椅子自动向后倾斜，屏幕上出现宇宙的各种景色，前后共持续 8min，让顾客边吃汉堡包边体验宇宙旅行的滋味。

从外形来看，美国奥兰多的“好莱坞行星餐厅”是个 30m 高的蓝色大球，它有 12 个钢架支撑，顾客可通过筒形的自动扶梯到达圆形雨篷下。到了晚上，雨篷会发光，就像飞碟降临一样。餐厅分为两层，在几个不同就餐区分别挂着汽车、喷气式飞机座舱等好莱坞纪念物，还有个大压轧机沿轨道在客人头上缓缓滑过。巨大的屏幕上不断播放经典电影的片段和流行音乐 MTV，介绍著名电影明星与电影发展史。而在其咖啡厅区域，服务员为客人服务时装扮成“美国船长”“蜘蛛人”等人们熟知的电影角色。这个餐厅给人们创造了一个梦幻性的休闲场所，通过视觉上的新奇和刺激来吸引客人。

(2)餐饮与娱乐结合。将餐饮与游玩、娱乐结合起来，将增添餐饮情趣。

“京华食苑”位于北京龙潭湖公园西侧，其门前有一根仿古大旗杆、一座仿宋的大牌楼、一只硕大的铜雕大茶汤壶，这烘托出了老北京喜闻乐见的民俗风情。食苑里有三座仿古亭台，亭下有三个老北京的大型烤肉的炙子台，客人可以围着炙子台，脚蹬长条板凳，自己烤肉吃，炉内红火熊熊，食客汗发酒酣，人们可以在这里体验失传已久的老北京人“武吃”烤肉的方式。此外，人们还可以享受到在大枫树下、龙船上或四面环水的水榭中等不同场地就餐的乐趣，食苑还将餐饮与垂钓结合，为客人烹制他们钓到的鱼。

“餐饮＋娱乐”这一观念产生于欧美，当时加拿大出现了世界上第一家“运动休闲式餐厅”。如今，这种类型的餐饮建筑已与快餐店、咖啡厅和豪华餐厅共同构成了流行于欧美的四大餐饮建筑类型。“餐饮＋娱乐”这一构想是顺应当今人们生活观念的，人们对餐饮的需求已经不再是单纯的生理需求，而是逐渐发生了转变，将餐饮作为一种休闲、消遣和享受。并且人们喜欢多元化，希望自己的生活丰富多彩。因此，把餐饮这种享乐方式和其他娱乐方式结合起来，恰好可以迎合人们喜欢多样化，追求方便舒适、新颖的美好生活的愿望。这样一来，从设计来讲，已不再是单纯地进行餐饮建筑设计，而是要设计餐饮建筑与娱乐（或体育）建筑的综合体。

3.餐厅经营方面的创意

在德国波恩有一家“木偶餐厅”，餐厅里的服务员由提线木偶担任，并且这些木偶由专人操作、配音。当顾客进入餐厅后，就会有木偶服务员侍立在桌边向顾客问好，并且当顾客心情不好的时候，它还会坐在旁边同顾客谈笑解闷。

在 Internet 刚出现时，蓬皮杜文化中心就率先在其售票区设了个“网络咖啡屋”。这个咖啡屋并不大，只有 $120m^2$ 和 18 台电脑，但却代表着新时尚，受到广大网络爱好者的热烈欢迎，最多时每天要接待 1200 人。后来，这种咖啡屋的形式也在我国风靡起来。但是美国经营这种咖啡屋的一位老板发现，顾客在店里通常就是上几个小时的网，并不会消费多少食品。因此，这位老板便萌生出了新的点子——将咖啡屋与软件零售结合起来，建起一座“咖啡屋＋网络＋软件销售”三者综合营销的咖啡屋，并打算在全美建立连锁店，让客人在舒适优雅的环境中，品味着香浓的咖啡，漫游于网络世界，同时在这里还可以了解和交流最新的软件信息、购买需要的软件。

餐饮经营方面的创意，往往是业主试图别出心裁，通过各种花样来取悦、吸引顾客。由于和经营有关，这离不开经营者的策划，同时也需要设计者充实和发挥经营者的策划，通过设计让业主有合适的环境和场所来施展自己的特色经营，并将相应的情调和氛围烘托出来。

构思和创意是整个餐饮建筑设计的灵魂，首先应当充分发挥想象力，巧于构思，产生合理的创意，以创意来主导整个设计。应当注意的是，在创意阶段，开始的时候我们可以先不必太纠结使用功能或技术问题的细节。如果在创意构思阶段对一些细枝末节考虑太多，就会使设计师的创意思维受到束缚。因此，应该让想象力充分驰骋，从而获得独特的构思和创意，再通过理性思维对其进行落实和调整，使其在满足使用功能需求的同时，技术上又可行，让创意能够付诸实现。

(二)餐饮建筑室内空间设计

1.餐饮空间设计的原则

(1)餐饮空间应该是多种空间形态的组合。未经任何处理的、只有均布的餐桌的大厅，即单一空间(如食堂餐厅)的餐饮环境会让人感到单调乏味。如果通过一些实体来围合或分隔将这样的单一空间划分为若干个形态各异，相互流通、互为因借的空间，将会使餐饮空间有趣得多。可见，相较于空间形态的单一表现，人们更喜欢的是空间形态的多样组合。因此，餐饮建筑室内设计的第一要务就是要划分出多种形态的餐饮空间，并将这些空间巧妙地组合起来，让它们大中有小，小中见大，层次丰富，相互交融，为人们创造有趣、舒适的餐饮环境(图 5-2)。

图 5-2 餐饮空间设计

(2)空间设计必须满足工程技术要求。如今，人们对就餐环境的要求越来越高，并且不再停留于物质层面。餐饮空间的室内设计仅满足功能上的简单要求是不够的，而应追求精神层面的享受。致力于营造欢乐、祥和的氛围，突出温馨、浪漫的情调，同时还要赋予其文化内涵的延伸。围隔空间的必要的物质技术手段就是材料和结构，空间设计要和这两者的特性相符。而为空间营造某种氛围、创造舒适的物理环境的手段则是声、光、热及空调等技术，因此，空间设计中必须为上述各工种留出必要的空间，并满足其技术要求。

(3)空间设计必须满足使用要求。建筑设计一定要有实用性。因此，必须从实用出发来决定所划分的餐饮空间的大小、形式及空间之间的组合，也就是要注重空间设计的合理性。特别要注意满足各类餐桌椅的布置、通道的尺寸、送餐流程的便捷合理。室内设计的成功与否决定着餐饮建筑能否上档次，有品位，还决定着该餐饮空间能否给客人以良好的心理感受。

2. 餐饮空间的组合设计

餐厅及饮食厅应该是多个空间的组合，打造层次丰富的空间，才能将客人吸引到店中。餐饮空间设计中较常见的空间组合形式包括集中式、组团式及线式，或其综合与变种。

(1)集中式空间组合。集中式空间组合中由一定数量的次要空间围绕一个大的占主导地位的中心空间，这是一种稳定的向心式的餐饮空间组合方式。组合的中心空间一般为圆、方、三角形、正多边形等规则形式，并且其大小要大到足以将次要空间集结在它的周围。而组合的次要空间可以具有完全相同的功能和尺寸，形成规则的、两轴或多轴对称的总体造型。当然，次要空间也可设计成互相不同的形式或尺寸，以适应各自的功能、相对重要性或周围环境等方面的要求。次要空间中存在的差异，使集中式组合可根据场地的不同条件对其形式进行调整。①

集中式组合在餐饮建筑设计中比较常用。通常是将中心空间做成主题空间进行重点构思，使整个餐馆或饮食店的主题明确，个性突出，并且易于形成独特的文化氛围。

(2)组团式空间组合。组团式空间组合是将若干空间通过紧密连接使它们之间互相联系，或以某空间轴线使几个空间建立紧密联系。

1)组团式组合通过紧密连接来使各个空间之间互相联系，其中的各空间通常是重复出现的格式空间。这些空间的功能类似，并在形状和朝向方面也具有共同的视觉特征。当然，组团式组合的空间也可采用尺寸、形式、功能各不相同的空间，但它们要通过紧密连接和视觉上的一些规则手段(如对称轴线等)来建立联系。组团式组合灵活可变，可随时增加和变换而不影响其特点。

2)组团式组合可将建筑物的入口作为一个点，或沿着穿过它的一条通道来组

① 邓雪娴，周燕珉，夏晓国．餐饮建筑设计[M]．北京：中国建筑工业出版社，1999.

合其空间，这个通道可以是直线型、折线型、环形等多种形式。这些空间还可成组团式的布置在一个划定的范围内或空间体积的周围。这种方式和集中式组合很相似，但缺乏集中式组合的紧凑性和几何规则性。

3)组团式组合图形中并无固定的重要位置，因此，要显示出某个空间所具有的特别意义必须通过其尺寸、形式或朝向的变化，例如，尺度比其余空间大，形状比较特殊等，方能从组团空间中将某空间的重要性显示出来。

4)在对称及有轴线时，可用于组团式组合的各个局部的加强和统一，有助于某一空间或空间群重要意义的表达。

(3)线式空间组合。线式空间组合实质上是一个空间序列。可将参与组合的空间直接逐个串连，也可同时通过一个线性空间来建立联系。线式空间组合方式容易适应场地及地形条件，“线”既可以是直线、折线，也可以是弧线；可以是水平的，也可以沿地形变幻高低。

在线式组合中，可以将在功能方面或象征方面有重要性的空间布置在序列的任何一处，并将其重要性通过尺寸和形式表现出来。也可通过所处的位置加以强调：置于线式序列的端点，处于扇形线式组合的转折点上，或偏移于线式组合。“长”是线式组合的特征，因此，这种组合表达了一种方向性，蕴含着运动、延伸、增长的意味。为了限制延伸感，线式组合的终止可以是一个主导的空间或形式，也可以是一个特别设计的清楚标明的入口，还可以与其他的建筑形式或场地、地形融为一体。

随着社会的发展，人们的生活水平越来越高，人们对餐饮环境的欣赏品位也越来越高，人们需要的是多样化、层次丰富的餐饮空间。因此，设计师要将上述空间组合方法灵活的运用到设计中，对各种不同餐饮空间进行巧妙的组织，以此创造出有个性特色、富有情趣、迎合人们需求的餐饮环境。

(三)餐饮建筑光环境设计

1.餐饮建筑的光环境

(1)天然光环境。自然光的光和影，从早晨到傍晚，从春天到秋天，变幻无穷，以其丰富的表情和语言，为人们提供了愉悦的视觉效果，使静止的空间产生动感，使材料的质感和色彩更加动人。可见，自然光是创造气氛、形成意境的极好手段。

如今，人们开始厌倦周围的人工环境，都渴望能够回归自然。因此，“室内环境室外化”这种很受人们欢迎的设计时尚便应运而生了。餐饮建筑是一种富有生活情趣的建筑，由于人们越来越希望能贴近自然，因此，建筑师和室内设计师可以充分利用自然光，形成一种人工所不能达到的、具有浓厚的自然气氛的光环境。

不同类型的侧窗具有不同的效果，水平窗可以让人感到舒展、开阔；垂直窗就像是条幅式的精美景观画卷；落地窗在首层面向庭园，可让人产生亲切、贴近自然的感觉。餐饮空间若能从顶部引入自然光，无疑将会非常具有戏剧性效果，特别是两侧甚至左、右、后三侧均被毗连建筑封闭的“夹缝式”餐饮店，其室内环境无疑是昏暗、闭塞的。这种情况下可以考虑从顶部引入自然光，借此增添整个室内空间的生气。人们可以透过天窗看到天光云影，打破置身于封闭六面体内的闭塞感（图5-3）。天然光会随着太阳高度角的变化而变化，因此可在室内产生极具感染力的、变幻丰富的光影效果。进光口的大小会对光影效果产生影响，当进光口大（尤其是顶光），室内光线明亮充足时，光投射到室内界面上，会形成窗棂或构架的剪影。而当进光口很窄小时，室内会很幽暗，这束光落到室内大面积的暗背景上，会形成一道形状清晰而纤细的亮光，并且其长短、高低处于变化中，神奇而有戏剧性。

图 5-3　**餐厅天窗**

(2)人工光环境。有的餐饮店由于受场地和条件的限制而处于无窗或少窗的环境（如地下室、大型综合体内的餐饮店）。在难以采用人工光的情况下，就只能选择人工光。并且，天然光只能在白昼时用，但餐饮建筑却是一种昼夜使用的建筑，有的酒吧、咖啡厅等甚至主要是夜间营业。人工光有冷光与暖光、强光与弱光，可漫射又能聚光，可实可虚，可浓可淡，可以随心所欲地进行选择和组合应用。如今，人工光技术已颇为成熟，通过对人工光的合理利用，可以渲染出任何一种人们所需要的甚至所能想象的光环境。

灯具是服从于光的设计的，只是一种手段。但总有一些人错误地认为人工光的设计就是灯具设计，因而就本末倒置的只看重灯具的布局、灯具在顶棚上的组合图案以及灯具造型等，并不关注灯具射出来的光会形成什么样的光环境。室内人工光环境的设计要走出上述思维误区，应根据总体构思来设计光环境，先设想利用光要创造什么样的情调、营造什么样的环境气氛，然后再根据该目的来选择和配置灯具。因此，灯具(或照明)的具体设计应放在光环境设计之后。人工光不但能照明，还具有以下艺术价值：

1)人工光可以表现、调整、限定空间。人工光和天然光都能表现空间，但人工光又有其自身的特点。人工光通过改变光的投射，既能使空间界面的反差强烈，突出空间造型的体面转折，又能用明亮的光照来模糊空间界面的变化，减弱空间的限定度。人工光还可以对空间感进行调整，使空间尺度被夸大或缩小，例如，用反射光照射顶棚或侧墙的上部，可以使空间感向上扩展，营造一种深远的氛围。一片光可以形成一个虚拟的“场”，从而限定出一个心理上的空间领域。因而人工光还具有限定空间的作用。

2)光的装饰性(图 5-4)。通过人工光可形成具有特殊的装饰效果的光图案、光画、光棚等。将光和其他材质巧妙配合到一起，可以产生美妙的效果，例如，从一些镂空的装饰图案或装饰纹样的背面打出强光，会使图案和纹样更突出，装饰性更强。灯具本身就是一种装饰物，可以作为室内环境的精美点缀。

图 5-4　灯光的装饰性

3)表现材料的质感与色彩。通过设计光的强弱及投射角度，可将材料的质感美充分表现出来，并强化表现质感肌理。而当人工光照射在有反射性能的材料上

(如不锈钢等)时,交相辉映,可营造一种灿烂夺目的室内气氛。此外,光还可以将材料的色彩美充分展现出来。

4)烘托环境气氛,营造某种情调与氛围。人工光环境的这一艺术价值是其最大特色和最有魅力的地方。人工光有多种不同的颜色,也有冷暖的分别。暖色调的色光可以营造出热烈、温暖、华贵、欢快的氛围;而冷色调的色光往往会给人安静、凉爽、朴素、深远、神秘之感。餐饮环境设计经常用色光营造出特别的情调和氛围。

2.餐饮光环境的明暗

不同的餐饮空间具有不同明暗程度的人工光环境。由于追求的效果不同,照度会有很大差别,因此,我们在这里不讨论分别该用多少照度,而是从对光环境的感觉上来讨论明暗问题。

光环境的明暗可以直接影响到室内气氛,明亮的光环境往往让人感到兴奋、快乐,而幽暗的光环境则让人安静、平和,产生一种脱离尘嚣的宁静,使人自然而然地低声言语。因此,不同的餐饮空间要采用合适的明暗来营造适宜的气氛。宴会厅要光照明亮,营造热烈欢快、富丽堂皇的气氛;快餐厅要光照充足,营造轻松、活泼、温暖的气氛。此外,其余餐饮空间为保证私密感,其人工光环境的照度就不能太高。特别是酒吧的光线通常都是幽暗的,让人们只能依稀辨别远处的人和物,这种静谧并且充满私密感的环境适合客人长时间逗留,娓娓而叙。而餐厅的照度则要比酒吧高些,让人感到轻松、舒适。

通常来讲,餐饮空间对明暗的控制可通过环境照明与局部照明相结合的方式,首先用环境照明恰当地照亮空间环境并营造出一种相宜的整体氛围,再用局部照明将艺术精品和陈设等某些重点部位突显出来,将客人的视线自然地吸引到有文化氛围和体现情调的地方。倘若整体的环境照明偏暗,就要通过局部照明让餐桌亮一点,以便让顾客看清菜单、食物和报纸,以此形成一个只属于该桌客人的光照空间领域。

二、商业建筑设计

(一)商业建筑的布点及布置

1.商业建筑的布点

(1)商业布点要满足城市规划要求,应为顾客的生活提供便利。商业设施的具体内容应根据居民的生活习惯，居民的平均购买水平以及合理的服务半径等因素来决定。

(2)要有便利的交通条件。为了使居民用比较经济的时间与费用满足自身的生活需要，商业设施要与城市公共交通以及自行车道路系统保持密切联系。并且，货运系统要完善，既要保证货运道路能方便地服务到各家商店，还要保证货运交通不与营业厅，尤其是不与步行购物、游览人流互相干扰。

(3)要和居民的各种心理因素的要求相适应。可将布料与丝绸、服装与鞋帽等内容较接近的商店组合到一起，这样可以诱导、启发非日用品的选购。如果某商店的顾客主要是妇女，则其应布置在街区内部，并且最好与服装店、综合商店等相邻布置。如果是为老年人服务的旧货店、中老年服装店等，其位置要便捷，并且还要根据老年人的特点，与小吃店、茶馆、书场、戏院等结合起来布置，以此来适应他们“购物＋消遣”的活动特征。家具店和家用电器商店布置在商业区的外围比较好。吸引力强弱程度不同的商店应结合布置，高峰流量时间相同的设施不要安排到相邻的位置。对于糖果、烟酒、食品和冷热饮店等采购频率较高的服务项目，为了能随时随地提供服务，应当分散间隔布置。为了方便疏散，影剧院和其他娱乐场所应布置在街区外围，并且还要和一些小吃、冷热饮店、报刊等服务设施结合布置，来满足人们“吃＋玩”的连带需求。

(4)各类商业服务设施的比例要适当。商业网点中各类商业服务设施的比例要恰当，一般情况下，商业、饮食、服务设施各占 50%～70%、15%～20%、20%～30%。

2.商业建筑的总平面布置要求

商业建筑作为一种生活服务设施，有利于维持周边环境协调，同时还对城市塑造起到一定的积极作用，并且还可能成为当地传承地域文化的象征性建筑。商业建筑的总平面布置要求包括以下几点：

(1)将建筑基地与城市道路的关系处理好。大中型商店建筑应最少有两个面的出入口连接到城市道路；或基地应有不少于 1/4 的周边总长度和建筑物不少于两个出入口与一边城市道路相连接；基地内应设运输、消防车道，并且其净宽不小于 4 m。

(2)组织好建筑基地内、外人(货)流线与集散的关系。根据商业建筑的使用功能将货运流线、顾客流线、职员流线及城市交通线之间的关系组织好，避免它们之间的交叉干扰。应当根据当地规划及有关部门要求，在大、中型商业建筑的主要出入口前设相应的集散场地，以及能供自行车、汽车停放的停车场地。

(3)满足安全、日照、防火、卫生等环境保护的要求和有关规定，并且还要尽可能地为残疾人的通行考虑。

3. 商业建筑的布置形式

(1)成片式。这种方式应根据各类建筑的行业特点和功能要求成组结合分块布置，在建筑群体的艺术处理方面，不但要考虑其沿街立面，还要考虑建筑内部空间的组合以及人流和货流线路的合理组织。

(2)沿街式。这种方式应以道路性质和走向等为依据进行综合考虑，一般不布置在运输繁忙的城市交通干线上。在沿城市主要道路或居住区主要道路时，可根据交通量沿道路布置在其一侧或两侧，并要注意减少人流与车流的互相干扰。公共建筑沿街布置时，要根据其功能要求与行业特点相对成组集中布置。通常在交通量大的交叉口不适合布置人流量大的公共建筑。对于吸引人流多的公共建筑要注意留出广场以便于人流集散和车辆停放等。

(3)沿街和成片相结合。这种方式结合了沿街式和成片式的优点，如沿街住宅底层商店比较节约用地，容易形成较好的城市沿街面貌；成片式可使各类公共建筑布置的功能要求等充分得到满足。这种方式又减少了沿街式在使用和管理上有些不便，成片式用地面积稍大等方面的不足。

(二)商业建筑的空间

1. 商业建筑公共空间

(1)外部公共空间。卢原义信在《外部空间设计》中提出：外部空间开始于在自然空间当中对自然的圈定，是从自然环境当中框定的空间，不同于无限伸展的自然。外部空间创造的是有目的的外部空间，这样的空间比自然更有意义。城市商业建筑的外部公共空间主要是指公园、街道、广场、停车场、屋顶平台等城市商业建筑与城市衔接的空间，这些空间既为综合体服务，又属于城市公共空间。

(2)内部公共空间。现代商业空间设计中必不可少的空间就是城市商业建筑内部公共空间。这些内部公共空间包括室内步行街、中庭、庭院、出入口空间等，可以提升商业品质。并且这些空间能将建筑内部各功能子系统联系起来，并保证它们协调统一、高效运行。

2. 商业建筑公共空间形态和特征

(1)商业建筑公共空间形态。

1)入口空间形态。入口有狭义和广义之分,狭义的入口是指建筑入口的门洞、雨棚、门廊、台阶、铺的材料等要素。广义的入口是指建筑物入口的入口广场、门厅、绿化等入口构筑物及其控制的空间环境。本书中的入口空间是对具体的门的概念加以拓展,关联、深化、分析,并赋予空间上的意义,作为界定商业建筑不同空间转换的通道,涵盖了商业建筑入口处的台阶、雨篷、门廊、坡道、停车场地、休闲场所、绿化等一系列元素组合而成的复合空间。

商业建筑的入口具有多种空间形式,包含很多内容形成机制。入口空间作为室内外空间的过渡,为人们提供了必要的生活场所。商业建筑的目的是盈利,因此其更应通过入口空间的变化将人们吸引过来,让他们在此漫步、观赏、滞留,并且在室内外过渡空间中满足他们的各种要求。商业入口的建设也使城市的公共活动空间更丰富了,并将更多高品质的城市休闲空间场所提供给市民。依据功能使用,可将商业建筑物中的入口分为主要入口、次要入口、后勤入口、货运入口等类型。

2)外部空间形态。城市公共空间中的现代商业建筑外部空间是人们社会生活的“发生器”,丰富多样的生活行为与方式使得其空间形态也是多种多样的。同时,城市人口在民族、年龄、性别、文化基础等方面的差异,也需要多样的空间形态。简·雅各布斯认为,空间的多样性可以为功能多样性提供物质支持,多样的空间可激发人们产生某些创造性的、随机性的社会活动,促进他们参与公共空间中不同形式的交往活动,从而使空间更具有活力与吸引力。此外,多变的购物方式与空间可以帮助顾客减少疲劳感。商业建筑的外部空间会随着市民的消费行为和方式的空间需求的发展与变化,而出现相应地改造与发展。

如果旧的商业空间一直没什么变化,与其相适应的旧的购物方式逐渐不能引发人们的购物欲望,就必然会导致空间逐渐被淘汰。商业建筑的良好外部环境,有利于吸引大量人流,而舒适的室外空间能够为大量顾客提供逛商场的休息空间,让他们在这里散步、休息、聚会。当人们喜欢上这些建筑周围的环境时,也就带动了这一区域的商业发展,为商业设施提供商机。商业建筑外部空间对城市公共空间的影响很大。如果对大型商业建筑的外部空间处理得当,就会使城市公共空间的质量提高、城市生活品质提升,使市民的休闲生活丰富多彩,同时还会获得客观的商业效益。

3)交通空间形态。在现代商业建筑中,交通空间可分为入口、通廊、中庭、竖向交通空间这几种类型。商业建筑的通廊常根据中庭的位置和形状做单向、双向、多向的延伸，这是一种将形状各异、大小不同的商业空间联系在一起的水平空间，就像是一条加了屋顶的内部商业步行街。同时通廊和中庭相连接，会对消费者的购物活动起到很好的引导作用。一般情况下，通廊的宽度控制在4m至8m不等，具体要与店铺围合程度相适应。通廊可交叉形成纵横交错的交通网，但在组织的时候应路线清晰，并且设置回头路，可将主力商业或餐厅布置在通廊尽头。通廊是交通空间中的线性空间，它和中庭可将整个内部空间组织起来。

4)中庭空间形态。商业建筑的中庭空间始于20世纪60年代美国建筑师波特曼(Portman)设计的“共享空间”，并很快在各种大型商业建筑中流行起来，其从功能上来讲是人流集散的枢纽。中庭空间利用现代科技手段与结构形式，力求突破整个商业建筑空间，使单一而沉闷的内部交通空间具有丰富多彩的空间形态和多变的形式，从而焕发出新的活力。

商业建筑的中庭空间作为一种公共空间，一直都是积极的，其造就了各种各样的建筑使用者或用户：在中庭水池花草旁石凳或台阶上坐着休憩的人们、在观光电梯里穿梭于中庭上下购物的人们、在圆形椅子周围嬉戏的孩子们、坐在椅子旁喝着饮品听着音乐的情侣们，以及在中庭的玻璃穹顶下约会的人们、迎面而遇的路人等，都是构成中庭空间意义的主要内容，这些人们的交流活动将中庭空间的物质层次和哲学领域的影响联系起来，反过来中庭空间也在以不同的方式引导、影响着人们的交流活动。

空间的主体是人，不同的人在不同的空间会出现不同的心理反应。中庭设计中不同需求的空间要和相应的人的行为特征、心理特点、声音氛围、视觉艺术等因素相融合。

人们在中庭空间的活动大概可以划分为必要性的活动和非必要性的活动两大类。通常，必要性的活动包括到达购物目的地、娱乐消遣等；非必要性的活动又分为自发性活动与社会性活动，一般包括驻足观望、等候寻人、休憩嬉戏等。现在，中庭空间的建构方式对非必要性活动的发生影响越来越大，许多大型商业建筑为了促进非必要性活动的发生，而不断提升中庭空间场所的吸引力。因为从理论上来讲，当空间的质量高时，人们就会加大发生自发性活动和社会性活动的频率，人们愿意在此驻留更长的时间，反过来又会对人们必要性活动起到促进作用，因而就形成一个良性循环。人们在大型商业建筑中的个体行为和群体行为，都反映了人们在“逛街、购物、娱乐”等活动中具有弹性、不确定性和复杂性。购物中心中庭的空间形态将会被人们的个体和群体行为的集合影响。

(2)商业建筑公共空间特征。

随着科学技术的不断进步,人们的生活水平也随之不断提高,商业建筑对城市公共生活产生的影响非常大。商业建筑公共空间的发展在带动城市经济建设发展的同时,还可以对城市公共空间的发展起到推动作用。

1)过渡性特征。商业建筑为人们提供空间载体,让人们在其中完成购物行为这一过程,因此,建筑本身也需要过渡空间来与人们购物心理转变的过程相呼应。当人们脱离热闹繁杂的外部空间环境而进入建筑内部后,就会安静下来,融入室内清静的氛围。

2)半开放性特征。随着城市居民生活水平的不断提高,他们的生活方式也在悄无声息地发生着变化。越来越多的人愿意走出家门,享用公共设施为他们带来的人性化服务。例如,民乐园万达广场、中间开敞的过街天桥、布置绿化和休息座椅等,既可以使商业本身的功能需求得到满足,又能作为让人们有存在感的社交场所。商业建筑为城市居住者提供购物场所的同时,也让他们有了休闲活动的场地。

3)可识别性特征。商业建筑内部空间可以展示商店形象和环境设计,将经营理念、销售思想传达给消费者,还可以体现消费信誉、消费策略。商业空间中设计独特的商店标识、广告宣传往往会让消费者印象深刻。同时商业建筑空间变幻错综复杂,比较容易让人产生无序行为而导致环境认知障碍,而作为一个交通节点的公共商业空间,可以将个性和确定性赋予空间和界面,强调形式特征,从而能够传达信息、指示方位、整合持续。

随着人们生活需求方式的逐渐转变,经济技术的发展决定着商业建筑空间的变化及整体塑造,同时,商业空间形式的转变和发展也对人们的生活品质、城市的整体风貌有一定程度的影响。商业空间最具魅力和特色的一面体现在商业建筑中的商业空间环境质量上,并且它还在很大程度上决定着该商业空间能不能吸引人光临和逗留,并激发他们对商业活动的参与性,引导刺激他们的消费体验。

(三)商业建筑的环境设备

商业建筑设计首先应将营业厅、库房等用房的热工环境和光照环境处理好,更好地满足商店的使用要求与相关指标的规定。商业建筑的物理环境与设备技术的设计应遵循公共建筑设计的一般原理与方法。以下简要介绍营业厅、库房对建筑物理环境和设备技术的一般要求:

1. 热工环境

我国的疆域十分辽阔，南北方的气候也相差很多。南方的夏季非常热，商店设计主要考虑的是防晒、隔热和加强通风；而北方的冬季非常寒冷，其商店设计应主要考虑保温、采暖、有适当换气。营业厅、库房的温度不能高于 30℃，冬季采暖的计算温度则最好在 16～18℃范围内。

小型商店要改善室内环境的话，可改进围护结构设计，再辅以火炉、火墙、电风扇等简易的采暖与通风装置。大、中型商店适合采用的是集中式空气调节和采暖。如果营业厅大门没有门斗或前室，应当在此处设置风幕。

2. 光照环境

由于商业建筑立面造型和设置橱窗的需要，常常会对其天然采光效果产生影响。电气照明不受天气的影响，可以满足各类商品展示对照度、亮度、色度等不同方面的要求，此外，还可以通过灯光营造出各种不同的室内气氛。商业建筑的电气照明设计应注意以下问题：

(1)照明设计应和室内设计、商店布置统一考虑。

(2)科学合理的配置照度、亮度，将一般照明、重点照明、装饰性照明有机结合起来。

(3)光色、对比度等要对表现商品的形体和质感有所助益，以此使商品特色凸显出来。

(4)小型商店应满足三级电气负荷要求，大、中型商店则应满足二级及二级以上电气负荷要求，并且应当自备发、配电设备。

3. 安全疏散

商业建筑除了必须满足防火规范的有关要求外，还应注意以下几个问题：

(1)营业厅每一防火分区最少有两个安全出口；营业厅内任何一点与最近安全出口直线距离最好都不要超过 20 m。

(2)营业厅的出入门、安全门净宽不应低于 1.4m，并且不应设置门槛。

(3)大型百货商店、商场的营业层在 5 层以上时，应当设置最少 2 部直通屋顶平台的疏散楼梯，屋顶平台上无障碍物的避难面积不应低于最大营业层面积的 50%。

(4)可按每层营业厅和为顾客服务用房的面积总数乘以换算系数来确定营业

厅疏散人数。第1、2层换算系数为0.85人/m^2，第3层为0.77人/m^2，第4层及以上各层为0.60人/m^2。同理，疏散计算的方法也可以参照相关的资料。

(5)营业厅和库房的消防灭火系统和报警装置都应完善，营业厅、室内台阶、楼道、电梯、疏散楼梯处都应有事故照明。对于易燃、易爆物品，要采取妥善的防护措施。

第二节　图书馆建筑与医院建筑

一、图书馆建筑设计

(一)图书馆总平面布局

1.集中式布局

集中式布局方式是在一幢建筑中集中组合布置图书馆的出纳、阅览、书库和办公四个部分。这种方式紧凑集中，联系方便，节约用地；但是如果处理不好，就会使读者和工作人员之间产生交叉干扰，自然采光通风也会受限。

2.分散式布局

在几幢建筑中分别设置图书馆的四个主要功能部分，这对分期建造和以后的扩建十分有利。但这种方式占地面积大且各部分联系不够紧密，还会影响到内部使用。

3.混合式布局

混合式布局是对上述两种布局方式的综合，即独立设置图书馆各功能部分用房，并用走廊将它们联系起来。这种方式分区明确且组合灵活，但是会增加辅助面积，占地较大。

（二）平面组合方式

1.闭架管理方式

一般情况下，图书馆会采取闭架管理方式，因而，书库的布置会在很大程度上影响到图书馆的平面。书籍的传送路线是图书馆平面设计中的主要因素。闭架管理方式主要包括以下几种布置方式：

(1)直线式：这种布置方式的流线顺畅、结构简单、经济、自然通风条件良好，适合单层小型馆。

(2)毗邻式：这种布局方式的外形较简单，有利于采暖，但由于不便组织穿堂风，而不适合设置太大的房屋进深。

(3)独立式：分别在两幢建筑中设置书库和阅览室，通过走廊或出纳处连接；这种方式的采光、通风条件都比较好，结构简单，比较适合地基承载力较差的地方。但这种方式的建筑物外形比较复杂，且占地较多，也不利于采暖。

(4)平铺式：结构简单，如果将书库设在地下，则便于对温度和湿度进行人工控制，需要在出纳处和书库间设机械传送装置，不便于垂直方向发展。

(5)封闭式：在书库的周围环绕布置各种阅览室，这样可以方便借阅，有利于集中管理，但需要在书库设置空调设备。

(6)塔式：在大型图书馆中，垂直方向发展的书库可减少水平传送设备、改善自然通风条件。书架承重式结构是这种书库常采用的形式。

(7)间层式：这种布局方式是在高层书库的中部设置出纳处和采编室。这样水平传送可以减至最小，垂直传送路线也最短，但是这种方式的结构十分复杂。下层书库通常要设在较深的地下室中，对防潮、空调方面的要求比较高。

2.采用开架管理的布置

采用开架管理方式的往往是小型科学图书馆或大型馆的某些阅览室。例如，专业阅览室、参考阅览室、报刊阅览室。开架管理的主要布置形式如下：

(1)一室式：在夹层中设开架，可将空间充分利用起来。

(2)分室式：分开布置出纳台与阅览室，可以使阅览室的安静条件得到改善。

此外，为了充分利用空间，开架书库也可以设计成两层。

（三）图书馆建筑设计基本要求

1.环境要求

图书馆的建筑布局应适应于其管理方式和服务手段，改善阅览环境，努力营造一种令人愉快、舒适安静的气氛，对现代化技术服务设施加以考虑，提高使用率。要保持室内有合适的温、湿度，杜绝外界空气污染，通过保持图书馆环境的稳定性持久、妥善地保存图书资料。图书馆是一种建筑空间蕴含大量信息，使用者在这里停留的时间较长的文化、科技类建筑。因此，要为人们创造一种舒适、安静的环境。

2.基地要求

图书馆建筑的总平面布局应当紧凑有条理，划分出明确的功能分区，将人流和书流分开，对编、藏、借阅之间的运行路线进行科学的安排，让读者、工作人员与书刊运输路线便捷通畅且互不干扰。图书馆最好不与其他建筑合建，若要合建就一定要充分满足图书馆的使用功能和环境要求。并且图书馆要自成一区，单独设置出入口。

具体而言，图书馆建筑的基地选择需满足以下要求：

(1)地点适中，有方便的交通条件。公共图书馆应符合当地城镇规划及文化建筑的网点布局。

(2)周边环境安静、场地干燥、排水流畅。

(3)应当注意图书馆的日照及自然通风条件，建设地段要尽可能让建筑物有良好的朝向。

(4)图书馆的选址应当远离噪声、易燃易爆物和散发有害气体的污染源。

(5)要留出必要的扩建余地，以便图书馆的日后发展。

道路布置应当合理，要方便图书运送、装卸以及消防疏散。对于规模较大的公共图书馆而言，其少儿阅览区应当设有单独的入口与设施完善的儿童室外活动场地。馆区总平面应当布置绿地、庭院，以便于营造出优美的阅览环境，还要留出合适的场地用来停放自行车、机动车。对于新建的公共图书馆，建筑物基地覆盖率最好不要超过40%，而绿化率则最好不要低于30%。

3. 防火要求

图书馆建筑防火设计要符合《图书馆建筑设计规范》(JBJ 38—2015)和《建筑设计防火规范》(GB 50016—2014)的相关规定。

(1)耐火等级。藏书量在100万册以上的高层图书馆、书库,其建筑耐火等级应为一级。此外的图书馆、书库,其建筑耐火等级不应低于二级,特藏书库的建筑耐火等级应为一级。

(2)防火分区及建筑构造。

1)基本书库、特藏书库、密集书库与其毗邻的其他部位间的分隔应采用防火墙和甲级防火门。

2)对于未设置自动灭火系统的一、二级耐火等级的基本书库、特藏书库、密集书库、开架书库的防火分区最大允许建筑面积,单层建筑不应超过1500m^2;建筑高度在24m以内的多层建筑不应超过1200m^2;高度在24m以上的建筑不应超过1000m^2;地下室或半地下室不应超过300m^2。

3)当防火分区设有自动灭火系统的时候,其允许最大建筑面积可按本规范规定增加1.0倍,当局部设置自动灭火系统的时候,增加面积可按该局部面积的1.0倍计算。

4)对于阅览室及藏阅合一的开架阅览室,都应当按阅览室功能对其防火分区进行划分。

5)采用积层书架的书库,应按书架层的面积合并计算其防火分区面积。

6)除电梯之外,书库内部提升设备的井道井壁应为耐火极限不低于2.00h的不燃烧体,井壁上的传递洞口应安装至少为乙级的防火闸门。

7)图书馆的室内装修应执行《建筑内部装修设计防火规范》(GB 50222—2017)的相关规定。

4. 造型要求

建筑所处的环境条件以及建筑的功能要求都会对建筑造型的形态有不同程度的影响,而且相较于其他艺术造型形式,建筑造型又具有抽象的特征,即建筑造型在很多情况下只能采取非抽象的象征形式。

建筑个性特征需要通过建筑造型反映出来,图书馆的造型设计需要考虑以下因素:

(1)设计造型时应从功能出发,讲求的是简洁和大方。

(2)注意形成亲切怡人的建筑风格，不再盲目的追求外观的庄严与宏伟。

(3)设计时应从使用者特点出发。

(4)要符合当地环境以及地方文脉特点，力求将当地的民族和地方文化特色反映出来。

二、医院建筑设计

(一)医院的基地选择

(1)医院基地既要满足国家及省、市卫生部门按三级医疗卫生网点布局的要求，还要满足城市规划部门的统一规划要求。医院的基地应选择环境安静、交通方便、方便利用城市基础设施的区域。

(2)基地要有便利的交通条件，最好面临两条城区道路，这样可以方便病人到达和分流。若是用地无法相互躲让，应保持必要的防护距离，设置绿化隔离带。还要求远离污染源和喧闹环境，避免医院本身的污水排放与放射性物质污染周围环境。

(3)应根据卫生部门颁发的不同规模医院用地标准确定基地大小，在不浪费用地的前提下，适当地留出一些发展用地。地形应规整，地势要高爽。

(4)基地要具备充足清洁用水源，并且还要有城市下水管网配合，保证电源供应。

(5)医院基地应远离高压线路及易燃、易爆物品的生产与储存区等，不应与少年儿童活动密集场所邻接。

(6)新建传染病医院应对病人是否就诊方便以及医院与周围环境的相互影响等问题进行综合考虑。为保证传染病医院的有效卫生隔离，应选址在远离城市人群密集活动区的地方。

(7)注意和某些污染源保持足够的距离，并通过设置绿化隔离带等措施彼此间隔，以免外环境影响医院；同时与少年儿童密集的场所、食品加工厂等对环境质量较敏感的单位也应保持一定距离。

(二)医院的总平面设计

1. 功能分区

医院总平面根据功能不同可大致划分出以下区域：门急诊区、住院区、医技检查区、后勤辅助区、职工生活区，可通过绿化隔离带分隔各区域，使分区明确(图 5-5)。

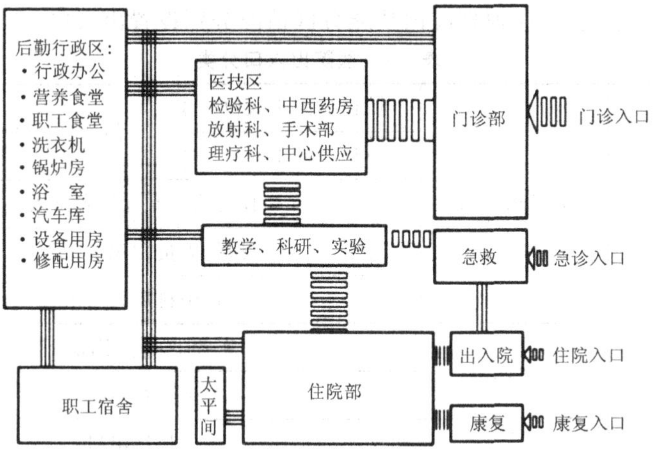

图 5-5　医院功能分区

2. 总平面布置方式

(1)分散式。分散式就是将门诊、医技、病房部分及后勤供应和管理用房等全都分幢建造。该形式环境安静、采光与通风良好，有利于防止交叉感染和隔离，方便分期建造。但各部分的联系不方便，病人诊疗路线过长，占地面积大，设备管道线路长。因此，这种方式对技术水平较低，不能有效防止疾病传播，防止放射线能力也较差的医院比较适用，尤其适用于传染病、精神病及儿科等类型的医院。

(2)集中式。集中式将门诊、医技、病房甚至一些后勤供应等用房集中在一幢楼里，此楼可由主楼与裙房组成。这种方式用地少，便于各部门联系，能耗低，建筑形象突出。但其内部流线难处理，易造成混乱和相互干扰，不利于分期建设，且一次性投资大。该方式过去常用于乡、镇或街道级规模较小的医院。如今，由于城市用地紧张、建筑技术标准提高，已有很多综合医院采用高层与群房集中组合形式。

(3)混合式。混合式是分建医疗区的门诊、医技、病房，并将交通枢纽或连接体插入，组成一个有分有合的整体。其中各部分既联系方便又具有相对独立性，出入口易分开设置，便于隔离，环境安静，有利于分期建设。通常，混合式又以行列式、枝状式进行组合。我国综合医院采用最多的形式就是混合式建筑组合。

3. 出入口

对于医院内门急诊病人、住院病人及探视人员、医疗废物(包括尸体)运送和物资补给以及医务人员，应根据院内功能分区情况分别设置出入口(表 5-1)。

表 5-1　医院出入口分类

<table>
<tr><td rowspan="5">主要出入口</td><td rowspan="5">人员出入口</td><td>门诊病人出入口</td><td rowspan="2">门诊、急诊病人出入口</td></tr>
<tr><td>急诊病人出入口</td></tr>
<tr><td colspan="2">住院病人和探视者出入口</td></tr>
<tr><td colspan="2">医护人员和职工出入口</td></tr>
<tr><td colspan="2">传染科病人出入口</td></tr>
<tr><td rowspan="4">辅助出入口</td><td rowspan="2">供应入口</td><td colspan="2">医疗器械和用品入口</td></tr>
<tr><td colspan="2">生活物品入口</td></tr>
<tr><td rowspan="2">污物出口</td><td colspan="2">尸体出口</td></tr>
<tr><td colspan="2">废弃物出口</td></tr>
</table>

各类出入口设置和道路布置要功能明确，方便使用，交通便捷，洁污分清；力求高效率、高水平，避免和防止交叉感染。一般综合医院对外至少应有人员出入口和供应入口并兼污物出口这两处出入口。最好分为三处，分开供应入口与污物出口。设有传染病科的医院，一定要设专用出入口。

4. 院内交通路线的组织

由医院各功能分区与组成的关系可见交通流线很复杂，既要联系紧密也要相对分开，形成的动态交通体系要分合有序。通常，医院内、外交通流线可归纳如下：①外来患者与陪访人员流线；②内部医护与职工人员流线；③外部膳食与用品输入流线；④内部污物与尸体输出流线。

医院内的许多活动都必须有一定的通道，例如，门急诊病人就医、中心供应室清洁物品供应、病房楼的食品供应、污废物的外运等。污染与洁净、传染与非传染不能交叉。尸体运送路线应避开人员出入院路线，并且不要从门诊诊查室与病房楼前后经过。结合建筑使用要求，对内部交通流线与建筑对外出入口进行合理组织，使各部门间无穿越交通，路线简捷易找。在交通转折处，应当对人和物流动频繁的部位进行引导、过渡处理，并让导向标志发挥作用。

5. 绿化环境

医院应当将地形、防护间距以及其他空地充分利用起来布置绿化，并且还要设置供病人康复活动的专用绿地，绿地设计应努力将城市花园的氛围营造出来，缓解病人的焦虑情绪。基地内绿地率至少为35%。

医院营造的室内外环境，应当让病人感到安全、轻松、温馨而平和，同时也让医务人员感到舒适、安全、高效，并具有人文气氛。医院建筑的环境设计突出体现的设计理念即“以人为本，以病人为中心”，具体应满足以下两点：①应保证医疗用房的环境安静，应当保证病房楼的最佳朝向或景观，病房前后间距需满足日照要求，且最少为12m，获得良好日照及景观的病房至少在半数以上，门诊、急诊和病房应将自然通风、天然采光充分利用起来；②不得将职工住宅建在医院基地内，如用地毗连时，应当将其分隔并另设出入口。

(三)医院建筑设备

1. 医院建筑照明设计

(1)门诊、候诊区域照明。

一般情况下，这两部分包括大厅、挂号、缴费、门诊药房、候诊等场所，患者及家属进入医院后首先接触到的就是这一区域。该区域人员集中且需要数次往返，人们需要在这里停留较长时间。照明设计要同时考虑自然光的利用和人工照明，尽量采用简洁明快的荧光灯具为患者及家属创造一个安静有序的候诊环境，如果门诊大厅采用建筑中庭形式的照明，灯具应当主要采用效率高、寿命长、光输出维持特性好的气体放电灯。如果门诊大厅自然采光少，考虑到便于维护宜采用在大厅回廊侧面墙上安装投光灯。以上区域的照度均应保持在200 lx左右。门诊大厅的公共通道是区域内的交通要道，各科室的门诊室多在其两侧分布。诊室内都有都较高的照度，在采用人工照明时公共通道需要考虑到平稳过渡，为避免出现不适感，照度最好不要反差太大，其照度通常约为100 lx。

(2)病房区域照明。

病房区域是患者进行治疗和康复的场所，一般包括病房、走廊和护理站。

1)病房内照明。病房内照明包括基础照明与局部照明。基础照明要求以柔和的光线创造宁静温馨的诊治环境，为避免对患者产生视觉刺激宜选择低色温的荧光灯。局部照明主要是为了保障医护人员的实际操作，可将模块式荧光灯安装在综合医疗带上，或者选用可调式旋臂壁灯，为适应不同情况可采用可调式光源，以免影响其他床位的患者。病房内照明的设计、安装要注意：第一，以间接式灯具或反射型照明为宜，若要采用直接照明，灯具的遮光角要小于45°。为了避免对患者产生眩光，不要将灯具安装在病床正上方；第二，设置局部照明时最好采用一床一灯方式，选用伸缩式与摇臂式灯具，为进一步保证操作者的安全，电源最好为低压供电。若是采用220 V交流电源，一定要将漏电保护与可靠接地保护做好；第三，为了方便医护人员夜间查房以及患者的夜间使用，病房内应在距地面0.3～0.5 m的高度设置采用白光的LED地脚夜灯。

2)病房走廊照明。病房走廊是医护人员与患者通行的区域，它不同于门诊区域公共通道，需要清新宁静，光线柔和均匀，照度不要和病房内差异太大，一般约为75 lx。为避免直射入病房的夜间灯光影响患者休息，灯具最好安装在两病房门之间，而不要安装在病房门正上方。灯具以嵌入式暖色光灯具或紧凑型荧光灯为宜。

3)护理站照明。护理人员日常治疗、完成护理准备、处理医疗事故都在护理站进行，这一区域的照明应让人感到清洁明亮，通常采用的是嵌入式的荧光灯。考虑到护理工作的连续性特点，应当在工作台上方或者墙壁上安装夜间工作灯。

(3)检查室区域。检查室内的医疗设备容易让患者感到冰冷生硬、紧张压抑，这一区域除必要的基础照明外还可增加一些装饰性灯具，使就医环境变得轻松、舒适，灯具最好选用暗藏灯带二次反射柔光。该区域的照明不但要考虑日常工作的照度要求，还要对机器设备安装调试及维修时所需要的照度进行考虑，根据具体情况进行有级或无级调光控制。

(4)手术室区域。手术室区域的照明手术室宜采用混合照明，包括一般照明、重点照明、观片灯及信号灯照明等。

1)一般照明。手术室无菌操作的要求使得该区域一般没有自然光源。工作人员在该区域操作精度高、持续工作时间长、精神高度紧张，灯具的选择要充分考虑的问题就是如何缓解医护人员疲劳感。手术室一般照明灯具在手术台四周布置，选用洁净型灯具(不积尘)潜入顶棚安装，或与通风口组合设置，光源的色温应接近手术无影灯光源的色温，一般选用直管荧光灯，照度为750 lx。

2)重点照明。手术室的照明核心就是手术台，其对照明质量与照度的要求都很高，采用的是专用手术无影灯，手术部位要达到2000 lx以上的照度，光斑直径需要保持在30 cm之内。无影灯的配置应以手术室的尺寸及要求为依据，要能灵活地进行水平调节和垂直调节，可以旋转360°，可在任何需要的工作位置固定。安装时，要与其他的固定设备相协调。手术无影灯的设计安装会涉及一些医学方面知识，因此，可由照明设计人员和专业医务人员一起确定设计方案。

3)观片灯及信号灯照明。手术室内通常会将观片灯安装在手术者对面的墙上，为方便工作人员使用，灯具中心距地面1.5 m。在手术室的门口上方，要设置

“正在手术”字样的警示灯，可选用LED红色信号灯的光源，可单独控制，也可以和手术室的自动感应门或无影灯等联锁控制。

(5)其他照明设计要求及措施。

1)在医院就诊的患者属于特殊群体，医院的照明设计要充分考虑到应急事件发生时的疏散及撤离用照明。很多行动不便的患者需要搀扶或担架才能顺利离开事故现场，因此必须要有完善的应急照明。对于医院所有安全通道口，都应在道口的显著位置设置“安全出口”标志灯和疏散标志灯。

2)医院的放射科、CT室、加速器、核医学科等许多医技科室在设备运行时都会有辐射现象，为了防止无关人员进入辐射区域，要在检查室门口设置“正在工作，请勿入内”的LED红色警示灯，并与检查设备实现联动。

3)医院照明节能措施。相关资料表明，一所三级甲等医院电费会超过其能耗费用的一半，其中照明费用占1/3，照明在医院营运成本中占比较大。如今人们越来越重视节能降耗了，LED作为新型的环保节能照明技术具有无频闪、耐冲击、耗电量低、节能效果明显、寿命长等优点，它逐渐取代了早期的照明灯具，很适用于医院照明。

2. 医院暖通空调设计

(1)医院影像科机房暖通空调设计要点。X射线机(X光机、CR、DR、乳腺机、数字胃肠机等)对室内温湿度并没有特别严格的要求，一般舒适性空调就可以满足其在这方面的要求：温度、相对湿度的适宜范围分别为20～24℃、40%～60%。CT控制室和检查室的温度要求、相湿度要求分别为20～24℃、40%～60%；若是带设备室，温度要求、相对湿度要求分别为20～27℃、40%～60%。MR控制室与检查室的温度要求通常为15～24℃，湿度为40%～60%；设备室的温度、湿度要求分别为15～24℃、40%～60%。DSA控制室和检查室的温度要求一般为18～24℃，湿度为40%～60%；设备室的温度、湿度要求分别为15～24℃、40%～60%。

医院影像科机房不适宜使用水空调系统，因此在实际设计时，通常会单独设置影像科机房的空调系统，该系统不并入医院空调大系统中，多采用的是变制冷剂流量多联分体式中央空调系统。一台室外机分别和数台功率不同、款式不同的室内机相连，连接好的室内机可根据实际情况的需要决定是单独运行还是同时运行，可以将室外机设置在附近屋面。室内机负荷应对影像机房内设备散热进行充分考虑。通常来讲，影像科机房空调系统设计遵循上述原则即可，但还应注意以下问题：第一，通常将MR检查室设计为恒温恒湿空调，一般是MR机组自带空调，不需要再进行单独设计，仅需电气专业预留所需电量即可。第二，DSA检查室可利用导管实施介入治疗。因此其检查室也兼用作手术室，但目前尚无对其室内空气净化级别的明确要求，认为只需遵循Ⅲ级洁净附房的设计要求。

(2)医院消毒供应中心暖通空调设计。

1)排除设备余热。消毒供应室清洗、消毒、灭菌设备在运行过程中会大量散热，为了保证各机器工作的正常环境温度，应当通过通风与空调及时地去除余热。清洗机和灭菌器在运行过程中会散出并聚集大量余热，可以将排风管道连接到设备自带的排风口，通过强排风排出高温空气。同时将新风口设置在机器侧下方，通过新风机组送风，以此保证密闭空间合理的气流组织与压力条件。对于清洗机等运行于敞开空间的设备，排风的同时要根据设备参数将其对人员工作区域的散热量计算出来。在区域的制冷末端选型的过程中加上设备通过排风未消除的散热量，以保证这类设备的正常运行。由于灭菌器被封闭在塑钢板墙内，空间狭小，为了保证排出余热，通常会单独设计一套单体空调来单独对其进行常年制冷降温，以保证机器在正常的环境温度下运行。

2)卫生间排风。以往卫生间排风的布置，是在卫生间隔断顶端布置排风口，因为排风口的作用空间有限，随着使用时间的加长风机逐渐老化，再加上维保不到位，卫生间会有大量难闻气体无法排除，我们应充分考虑人性化，在蹲便器后侧墙下方布设排风口，这样可及时排除异味和对风口进行维保。

3)工作区域空调工作。设置工作区域空调时要充分考虑到人员工作的舒适性，工作区域的设备会散出大量的余热，在热负荷计算时应对设备的选型进行充分考虑，加大设备容量，以确保在设备运行期间将余热、余湿消除，将操作区域空间温度维持在设定的温度。在送风口布设过程中尽量不要让风口正对工作人员，风速要合理，减少工作人员的吹风感。力求让工作人员在一个温湿度舒适稳定的环境中工作。

(3)隔离病房通风空调设计。

隔离病房的通风空调设计应满足以下条件：

1)在病床两侧布置送、回风口，送风口和回风口应分别布置在远离病床一侧和靠近病床一侧。

2)换气次数要根据气流组织形式、隔离病房体积设置，当隔离病房体积较小的时候，各个设计标准规定的12次/h已不适用，需要将换气次数适当增大，减少隔离病房内的污染物浓度。

3)隔离病房内的负压设计需要考虑的是开、关门及医护人员走动时对室内压差造成的影响，当这些因素对室内负压设计的影响较大时，可在隔离病房和走廊间设置体积至少为 $6m^3$ 的缓冲室。隔离病房应和外界保持一定的负压，保证清洁区压力比半污染区高，半污染区压力比污染区高，可防止污染物向外扩散。目前，通过提高排风全使隔离病房保持负压是很常用的方法。美国的 CDC 标准表明，室内外压差达到 0.249Pa 时可形成室内外稳定的定向气流。

4)隔离病房的空调通风设计标准是从理论上提出的，在实际中要想设计出科学合理的方案，需要综合考虑病房体积、用途及送、回风口位置等因素。

(4)洁净手术室空调设计。对于二次回风系统而言，只需对空气进行一次降温除湿，然后再利用室内二次回风对降温除湿后的空气再热，进而达到送风状态。但有时新风最需求量较大，二次回风空调系统不能满足送风状态的要求。在二次回风系统可以满足送风要求时，系统利用室内回风余热使降温除湿后的空气混合后达到送风状态，这时不需要再热装置，其节省的冷量正好和一次回风空调系统的所需再热量相等。

3. 医院隔声和减噪设计

医院的总平面布置中，可将门诊楼沿交通干道布置，病房楼则适合设置在内院。医院若接近交通干道，病房最好不要设在临街一侧，如果设置在这一侧则应采取相应的隔声降噪处理措施。

医院的锅炉房、水泵房不适合设置在病房大楼内，而要相距 10 m 以上。如果要设在楼内，其应自成一区，同时还要采取一些可靠的隔振、隔声措施。

穿越病房的管道缝隙一定要是密封的，病房的观察窗应当用密封窗。

应当对候诊各厅(室)、挂号、候药、病房楼内走廊等各部位的顶棚，采取相应的吸声处理。吸声系数约为 0.30～0.40。

对于手术室、听力测听室中的机电设备，应当采取一定的隔振降噪措施，不应将有振动或强噪声设备的用房设置在其上部与邻室。

现今，现代化医院建筑对智能化的要求越来越高，很多医院都在积极实施智能化系统。同时，整体化的医疗建筑电气控制设备吸纳了许多先进的多媒体技术与计算机网络技术，使实现医院的建筑智能化具备了一些必要的软硬件条件。

第三节 展览建筑与汽车站建筑

一、展览建筑设计

展览建筑是公共活动的容器，它的作用不仅局限在展览活动本身，而是在更大的范围内影响着城市的发展。展览建筑包括展览馆、博展会建筑、博物馆等。

（一）展览建筑的基地选址和总平面设计

1.基地选址

展览建筑的基地应选择在交通便利、城市公用设施较完备，具有一定的发展余地、排水通畅、通风良好、场地干燥的地段。应当避免选在有害气体与烟尘影响较大的区域，与贮存易燃、易爆物场所及噪声源的相关距离，应当符合相关部门的具体规定。

2.总平面设计

展览建筑的总平面布置应当因地制宜、全面规划，其建设可视具体情况一次完成或分期进行。如果展览建筑要和其他建筑合建，一定要满足环境与使用功能的要求，并且还要能自成一区，单独设置出入口。应当合理布置观众活动、休息场地。而不应建造职工生活用房，如果职工生活用房与建筑毗邻，一定要进行分隔，并且分别设置直通外部道路的出入口。要有明确的功能分区，室外场地与道路布置要方便观众活动、集散和藏品装卸运送。如果陈列室和藏品库房布置在临近车流量集中的城市主要干道时，最好不要在沿街一侧的外墙开窗，如果必须设窗时，则需要采取防噪声、防污染等措施。除当地规划部门做出专门规定之外的基地覆盖率最好不要超过40%；此外，还应根据建筑规模或日平均观量，合理设置自行车、机动车的停放场地。

（二）展览建筑的内部空间组织

基于现代展览建筑自身需求的变革，使设计更具整体性和系统性，最终能以公共空间促进交流与合作，调整与创新内部空间结构关系，将新的内部空间模式建立起来。现代展览建筑内部空间组织主要针对的是内部空间与使用者的关系、内部空间相互间的关系。除满足展览建筑的一般设计要求外，还必须注意平面空间形态、内部空间结构、交通流线、空间尺度规模、空间序列转变等要素。

1. 平面空间形态

展览类建筑平面主要包括两种基本形态，即单体集中式和综合群体式。多数展览建筑采用的是单体集中式，就是在同一个建筑空间体内集合布置展览建筑的各种必要功能空间和其他辅助空间。综合群体式是多个简单平面的重复或结合，这种方式将现代展览建筑群连接成一个整体功能。

现代展览建筑的平面构成随着人们的接受度范围越来越大，变得较为自由或极具个性。这种现代展览建筑的设计方法，与给人的居中与对称性的心理定式不同，避免了保守和死板。虽然对称的建筑具有对称之美，但并非美的现代展览建筑都应对称。通常，采用居中与对称可将自身的重要地位突出，显露出建筑庄重与严肃的性格特征。现代展览建筑可以是庄重的，但更应运用活泼的自由个性化形体，将建筑亲切和平易近人的性格体现出来。

2. 交通流线组织

试图营造出流畅且不被任何物体破坏和打断的交通流线，是现代展览建筑的一个重要主题。建筑的形式应对内部的流动性和室内外的流通感进行强化，以此来提升流线组织与内部交通的地位。并且，在建筑形式上，也应当体现动态并力求营造赋有变化的视觉景象。对于这类建筑而言，其交通空间主要是在水平方向和垂直方向上对参观人流进行组织的过渡空间。可分为起交通作用的独立交通空间和在组织交通的同时融入其他功能的复合交通空间。独立交通空间形式简单，功能单一，室内设计也较简洁，属于空间序列中的辅助空间。而复合交通空间在满足交通功能的同时，还能在空间序列中形成小高潮，通过调解观众在参观路线上的心情来增加参观的趣味性。

3. 展示空间的空间序列

展示空间是展览建筑的核心空间，公众在这一公共空间进行参观、休息等各种活动。该空间的空间序列组织设计是整个建筑设计的关键。空间序列是展示空间的一个主要构成因素，同时也是利用空间展开叙事的一个有效手段。展示空间中的空间可能是固定不变的，但空间序列安排的目的就是让人动起来。当代展览建筑空间更趋向于将交通服务空间和展览空间结合起来，不再单独设置楼梯、通道，而是彼此交融。甚至将交通流线也作为非线性要素加以突出，为增强空间的戏剧化效果大量运用斜坡道、天桥等。

传统的空间组织模式是将单元式的展示空间用线性的走廊按一定顺序与主次组织起来，其参观路径固定，展示空间是静态、独立、完整的。当代展览建筑的展示空间和交通空间常以一种动态的方式相互渗透、融合，展示空间通过不同方式渗透入公共空间使空间功能分界模糊化，并呈现多样异质的特点。不同的展示空间有不同的空间特色，其尺度、形状可能不同，但它们之间并非孤立的，每个空间都是参观流线上的节点，共同形成一个序列，构成整个展示空间。空间序列的形成可由一系列的展示空间有韵律地组合起来，也可以由展示空间组合成的单元形成。

（三）展览建筑设备

1.给水排水设计

设计应按展览工艺确定展览建筑工艺用水的用水定额、水质、水压、水温等条件，并应符合《建筑给水排水设计规范》(GB 50015—2003)的相关规定。应根据展览工艺要求设置展览建筑内供展品使用的给水及排水管。当展览工艺不确定的时候，应当预留给水、排水接口，并符合以下规定：

(1)给水、排水预留管以及预留接口应当设置在综合设备管沟、管井内。

(2)应每隔10m各设置一个给水、排水预留接口。

(3)给水预留管的管径、排水预留管的管径分别宜为25mm、50mm。

(4)给水、排水预留管的接口形式应当方便管道的拆装。

(5)在给水预留管的起端，应有防回流污染措施，并应符合《建筑给水排水设计规范》GB 50015—2009的相关规定。

(6)给水预留接口的水压最好不要低于0.10MPa，但也不要高于0.35MPa。

(7)排水预留管与排水系统连接的时候，应采用间接排水方式。

(8)冬季可能有冰冻的地区，其给水、排水预留管应当采取防冻措施。

当生活饮用水水池(箱)内的储水不能在48h内得到更新时，就应当设置水消毒处理装置。公共卫生间宜采用节水型卫生器具，如感应式或自闭式龙头等。在展览建筑内，综合设备管沟应有排水措施，并应采用间接排水方式和排水系统连接。

对于面积较大的展场，宜设置地面冲洗设施。而对于汇水面积较大的屋面、金属结构屋面，则宜采用虹吸式屋面雨水排水系统。并且，对于汇水面积较大的屋面与金属结构屋面雨水排水系统的设计重现期，应当根据建筑的重要性与溢流造成的危害程度来确定，并不宜低于10年。对于屋面雨水排水系统，应设溢流设施。

溢流设施的排水能力应符合《建筑给水排水设计规范》GB 50015 的相关规定。

应根据当地的降雨情况，为展览建筑设置雨水收集、回用设施，并应符合《建筑与小区雨水控制及利用工程技术规范》GB 50400—2016 的相关规定。展览建筑消防给水与灭火设施的设计应符合《自动喷水灭火系统设计规范》GB 50084—2017、《建筑设计防火规范》GB 50016—2014 以及《高层民用建筑设计防火规范》GB 50045—95(2005 年版)的相关规定。

设置室内消火栓应符合以下规定：室内消火栓宜设置在明显且易于操作的部位，如门厅、展厅、休息厅的主要出入口、楼梯间附近、疏散走道等；在相应的位置设置室内消火栓后，经计算仍不能保证有两支水枪的充实水柱可以同时到达室内任何部位的时候，可将埋地型室内消火栓沿疏散通道设置；应在埋地型室内消火栓的井盖上设明显的标志，并不要被遮挡。

当展览建筑内设有自动喷水灭火系统的时候，对于室内最大净空高度超过 12m 的大型多功能厅、展厅等人员密集场所，应当选择带雾化功能的自动水炮等灭火系统。设计自动水炮灭火系统时，应当符合相关标准的规定，设有自动水炮灭火系统的大型多功能厅、展厅、仓库应当设消防排水设施。

2. 采暖、通风、空气调节

(1)采暖。展览建筑的空气调节系统应根据当地的室外气象条件、展览建筑等级、经济水平、室内温湿度要求等因素确定。若展览建筑中设有空调系统，则其空调系统应为工作人员和参观者提供舒适的室内环境；若展览建筑中未设空气调节系统，就应当设置通风换气措施，可采取自然通风，但当自然通风不能满足室内设计参数时，则应设置机械通风系统。对于采暖地区未设置空气调节系统的展览建筑，应当根据展览的实际需要设采暖系统或值班采暖系统。而对于设有采暖系统的展览建筑，其各功能用房室内设计采暖温度可根据表 5-2 确定。

表 5-2 各功能用房室内设计采暖温度

房间名称	室内设计采暖温度(℃)
展厅	14～18
门厅	12～16
办公室	18～20
会议室	18～20
餐厅	16～18

对于位于严寒和寒冷地区的展览建筑，在其中断使用时间或非工作时间内，室内温度应维持在4℃以上，当利用房间蓄热量根本不能满足要求时，应当按5℃设置值班采暖系统。并且，这些地区的展览建筑有经常开启的外门，且没有设门斗时，最好在外门处设置热空气幕。

(2)通风。展厅的气流组织应符合下列规定：

1)对于展厅的气流组织，应保证展厅内的风速和温湿度满足工作人员和参观者的舒适要求；

2)当展厅高度不小于10m，且体积大于10000m^{3}时，应当按分层空调的形式进行气流组织设计，应对展厅上部非空调区域采取自然或机械通风措施；

3)大空间展厅以喷口侧送风的送风方式为宜；应根据风口安装位置、出口风速等条件计算或模拟室内气流组织，并根据噪声要求将风口的特征参数确定；对于冬季送热风、夏季送冷风的空调系统，风口最好选择角度可调节的产品；

4)若空间高度大于10m，冬季应采取相应的技术措施以加速室内空气混合。

(3)空气调节。空气调节和通风系统应当采取过滤、消声、隔声、减振措施。对于空调系统的用能、设计、选择相关设备应满足节能的要求，并且还要符合以下规定：

1)根据实际情况，最好选用地热能、太阳能等可再生能源。

2)应根据当地的气候条件、能源政策、经济状况等因素选择冷热源，通过经济技术比较，选择适合当地的冷热源形式。

3)大空间展厅的空调系统最好设计成双风机系统。

4)应根据空调负荷的变化，变频调速控制空调系统的送风机和回(或排)风机。

5)在冬夏季空调系统运行时，应当根据空调区域的CO_2浓度对空调系统的新风量进行控制。

6)对于空调季时间较长的地区，在经济技术分析合理的情况下，应当设置能量回收装置。

如果展览建筑中设有吸烟室，应为其设置独立的机械排风系统，并且最好对排风作净化处理。在展览建筑中，等候厅、展厅、储藏室等常有人停留或有较多可燃物的部位，还有疏散走道等处均应设置排烟系统，设计排烟系统应按《建筑设计防火规范》(GB 50016—2014)的相关规定执行。

二、汽车站建筑设计

（一）汽车站建筑的基地选择

汽车站的站址选择应符合的要求包括：①应符合城市规划的合理布局；②与城市交通系统密切联系，车辆流向合理，方便出入；③地点合适，便于旅客集散与换乘；④远近期结合，近期建应当设有足够场地，并留出发展余地；⑤有必要的电源、水源、消防、疏散以及排污等条件，站址应避免选择在低洼积水、有山洪、流沙、断层的地段及沼泽地区，站址与河、湖、海岸或水库邻近时，需要根据当地相关部门规定的最高水位计算站区最低室外地坪的设计标高。

此外，汽车和铁路客运站（或港口）最好离得近一些，让旅客方便换乘。

（二）汽车站的空间组合

1. 功能关系分析

中、小型汽车站功能关系分析，如图 5-6、图 5-7 所示。

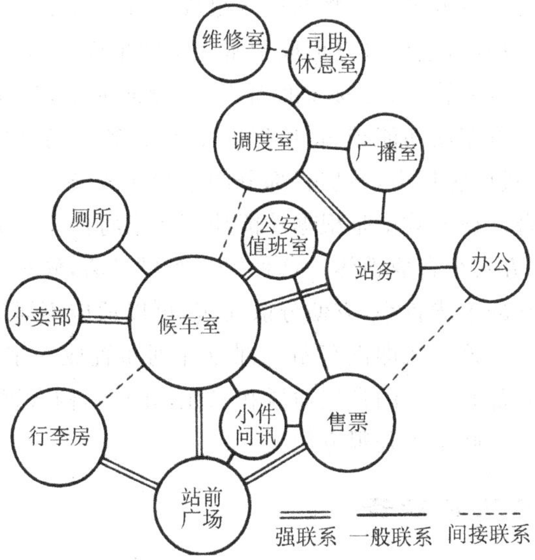

图 5-6　中、小型汽车站功能关系分析

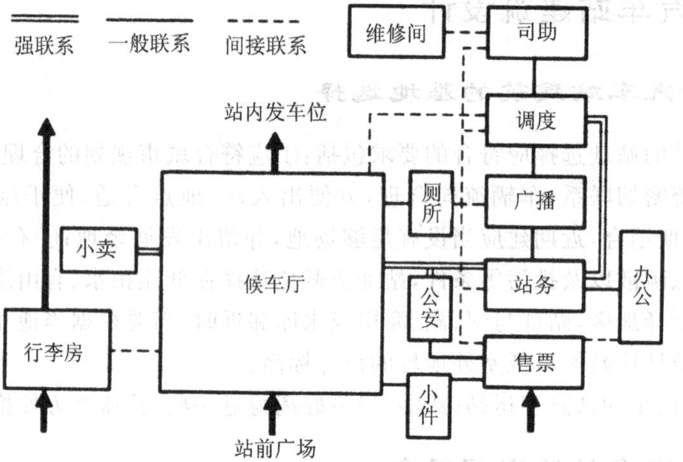

图 5-7 中、小型汽车站功能关系

2. 平面基本组合方式

(1)集中式组合。该方式就是将站房各组成部分组合于一个大空间中，中间为大厅，四周则是辅助用房，这样可以形成紧密联系的平面布局，主次关系分明，并且配套服务设施集中，方便管理，交通辅助面积少，导向明确，流向简捷，方便寻找与使用。由于中、小型汽车站功能较简单，房间个数不多，一般常采用这种平面组合方式。由于这种方式旅客集中，站房各部分的干扰比较大。

(2)单元式组合。该方式就是根据功能使用要求将汽车站分为各个独立单元，再将各单元按一定方式组合成整体。这种组合布局灵活，候车环境安静，功能分区明确，各部分间相互的干扰较小，方便分散建筑，可以适应不同地形变化。

(3)并列式组合。该方式即汽车站各部分并列布置成一字形。其平面布局简洁，通常各部分房间都有直接的自然通风和采光，并且结构布置整齐规则。但却因为站房狭长，互相间的联系不是很方便。

(三)汽车站建筑设备

1. 给水排水

各级汽车客运站均应设置室内外给排水系统。一级站应当设置汽车自动冲洗装置；而二、三级站则应设置汽车冲洗台。在严寒及寒冷地区，其一级站旅客盥洗间应当有热水供应。应对站场污水进行处理，使其达到排放标准之后才可以排入下水系统。汽车客运站及停车场的消防给水设计，应当符合《建筑设计防火规范》(GB 5016—2014)以及《汽车库、修车库、停车场设计防火规范》(GB 50067—2014)的相关规定。

2. 采暖通风

采暖地区的一、二级站应当采用热水采暖系统；而三、四级站则可采用其他的方式采暖。采暖室内计算温度见表 5-3 所示。

表 5-3　采暖室内计算温度

房间名称	室内计算温度(℃)
候车厅、售票厅	14～16
母婴候车室、医务室	18～20
办公室、广播室	16～18
厕所、门厅、走道	13～15

对于候车厅、母婴候车室、售票厅的散热器应当设置防护罩。候车厅和售票厅自然通风不能满足要求时，可采用的通风方式包括机械通风或自然与机械通风相结合，其新风量人均不得低于 $8m^3/h$。在电瓶充电间应设置机械通风系统，其换气次数不得低于 10 次/h，排风量 2/3 上排，1/3 下排。厕所应当设置机械排风系统，其换气次数至少为 10 次/h。在严寒地区，一、二级站候车厅、售票厅主要出入口应当设置热风幕。夏热冬冷、夏热冬暖地区的一、二级站候车厅、售票厅宜设空调。

3. 电气

一、二级站的用电负荷应当为二级，三、四级站的则应为三级。汽车客运站照明设计可包括工作照明、站场照明、事故应急照明以及疏散照明、清扫照明系统。具体来看，各级汽车客运站各类房间以及场地的照度标准值见表 5-4。

表 5-4 照度标准值

名称	参考平面及其高度	照度标准值/l)		
		低	中	高
售票厅、调度室、广播室问讯处	0.75m 水平面	75	100	150
候车厅、行包托运、行包提取、发车位、检修间	地面	50	75	100
站前广场、多层停车场、充电间、气泵间	地面	10	15	20
停车场	地面	3	5	10

注：照度标准值(lx)分低、中、高三级，按功能要求和使用条件选择，通常应取中间值。

售票窗口应设照度值不小于 150 lx 的局部照明。一、二级站的候车厅、行包托取处、售票厅及主要疏散通道应设照度值不应低于正常照度的 10%的应急照明，在通道及疏散口应当设置疏散指示照明。候车厅、售票厅、站场照明应按其使用功能要求分区控制。设置的站内照明要注意不得对驾驶员产生眩光。不应设悬挂型灯具在站台雨棚上。

站内应设置通信设施、广播设施。一、二级站应当设计算机管理系统。在客车进出站口应当装设同步的声、光信号装置，并且其灯光信号一定要符合交通信号的规定。站场的进出站口在一个以上时，应当用文字与灯光分别对进站口及出站口进行标明。此外，汽车客运站还应有防雷及接地设计，并符合《建筑物防雷设计规范》(GB 50057—2010) 的规定。

第六章 绿色建筑设计与节能建筑

在科技发展和社会进步的同时也带来了能源短缺的压力，于是“绿色建筑”“节能建筑”的提出，深受人们的欢迎。本章以绿色建筑设计为研究对象，针对绿色建筑设计及其评价体系、太阳能与建筑一体化技术和绿色建筑围护结构的节能等内容展开论述。

第一节 绿色建筑设计及其评价体系

一、绿色建筑设计的定义与分类

（一）绿色建筑的定义

建筑物在设计、建造、使用、拆除等整个生命周期中，会消耗大量的资源和能源，并带来一系列的环境污染问题。有关数据表明，建筑物在其建造、使用过程的能源损耗占全球能源的 50%，产生的污染物约占污染物总量的 34%。因此，建筑业的可持续发展问题成为世界性的焦点。20 世纪 70 年代，绿色建筑（Green Building）被西方发达国家提出，它符合可持续发展的理念，侧重点在居住者健康和建筑的环境上，有利于解决地球环境、资源减少等一系列问题，所以也可以称绿色建筑为可持续建筑。

在联合国 21 世纪议程中，总结出可持续发展应具有环境、社会和经济三方面的内容。近年来，国际上对可持续建筑的概念逐步的详细，根据这些提法可将绿色建筑分为以下几个阶段：第一阶段为低能耗、零能耗建筑；第二阶段为能效建筑、环境友好；第三阶段为绿色建筑、生态建筑。其中，生态建筑这个词也被建筑设计者们所认可，与绿色建筑不同，它的侧重点在生态平衡和生态系统维护上。绿色建筑中也囊括了一些有关于健康的生态问题。所以，在设计绿色建筑时需要从整体上去考虑问题。

绿色建筑受经济发展水平、地理位置和人均资源等因素的影响，国际上对其有着不同的定义和理解，譬如，英国建筑设备研究与信息协会(BSRIA)提出：一个有利于人们健康的绿色建筑，其建造和管理应基于高效的资源利用和生态效益原则。美国加利福尼亚环境保护协会(Cal/EPA)提出：绿色建筑也称为可持续建筑，是一种在设计、修建、装修或在生态和资源方面有回收利用价值的建筑形式。绿色建筑要达到一定的目标，比如高效地利用能源、水以及其他资源来保障人体健康，提高生产力，减少建筑对环境的影响。我国在国家标准《绿色建筑技术导则》和《绿色建筑评价标准》中，将绿色建筑明确定义为“在建筑的全寿命周期内，最大限度地节约资源(节能、节地、节水、节材)、保护环境和减少污染，为人们提供健康、适用和高效的使用空间，与自然和谐共生的建筑”。

绿色建筑也指采用生态学和资源有效利用的方式进行设计、建造、维修、操作或再使用的构筑物。绿色建筑的设计要能够完成一些特定的目标，如为居住者提供健康的居住环境，有效使用或者节约资源以及改善生态。它包含建筑规划、设计、建造及改造、材料生产、运输、拆除及回收再利用等所有和建筑活动相关的环节；涉及建设单位、规划设计单位、施工与监理单位、建筑产品研发企业和有关政府管理部门等。

广义的绿色建筑概念指的是人类与自然环境协同发展、和谐共进，并能使人类可持续发展的文化。涉及持续农业、生态工程、绿色企业，也包括了有绿色象征意义的生态意识、生态哲学、环境美学、生态艺术、生态旅游以及生态伦理学、生态教育等多个方面。狭义的绿色建筑概念指的是在其设计、建造以及使用过程中节能、节水、节地、节材的环保建筑。并且绿色建筑概念中提到的这些与生态节能建筑、可持续发展建筑、生态建筑的定义大体相同，其理念渗透在智能建筑、节能建筑设计中。

有关于绿色建筑的定义还有很多，总的来讲，大体上都是要提高资源的利用率，增强环境回馈意识。将可持续发展理念融入绿色建筑，节约资源(包括提高能源效率、利用可再生能源、水资源保护)。为人们打造一个健康的，具有生态性的居住环境，在经济发展的同时保护好环境。

（二）绿色建筑的分类

建筑可以按照使用性质、形体构成、结构类型和材料、层数、规模、耐久年限、耐火等级、建设和承重受力方式等方面和不同的角度进行分类，还可以对其中各个类别进行细分。譬如，根据使用性质（即用途），建筑物可分为生产性建筑（包括工业建筑和农业建筑）和非生产性建筑（即民用建筑），甚至可以对其中个类别再进行细分。

建设部、国家质检总局发布的最新国家标准《民用建筑设计通则》（GB 50352—2005）对民用建筑的分类标准作了具体明确的规定。建筑分类见表 6-1。

表 6-1　建筑分类一览表

分类	建筑类别	建筑物举例
居住建筑	住宅建筑	住宅、别墅、公寓、老年人住宅等
	宿舍建筑	职工宿舍、职工公寓、学生宿舍、学生公寓等
公共建筑	教育建筑	托儿所、幼儿园、中小学校、高等院校、职业学校、特殊教育学校等
	办公建筑	各级党委、政府办公楼、企业、事业、团体、社区办公楼等
	科研建筑	实验楼、科研楼、设计楼、研究所等
	文化建筑	剧院、电影院、图书馆、博物馆、档案馆、文化馆、展览馆、音乐厅等
	商业建筑	百货公司、超级市场、菜市场、旅馆、餐馆、饮食店、洗浴中心、美容中心等
	服务建筑	银行、邮电、电信、会议中心、殡仪馆等
	体育建筑	体育场、体育馆、游泳馆、健身房、羽毛馆等
	医疗建筑	综合医院、专科医院、康复中心、急救中心、疗养院、门诊所等
	交通建筑	汽车客运站、港口客运站、铁路旅客站、空港航站楼、地铁站等
	纪念建筑	纪念碑、纪念馆、纪念塔、故居等
	园林建筑	动物园、植物园、海洋馆、游乐场、旅游景点建筑、城市建筑小品等
	综合建筑	多功能综合大楼、商住楼等

每种建筑都具有特定的功能，功能不同，资源消耗和环境的影响情况也就不同。所以，我国在国家标准《绿色建筑评价标准》（GB/T 50378—2006）中，制定了明确的绿色建筑评价标准。其中把绿色建筑的评价从低到高划分为一星、二星和

三星级三种评价水平。

按照住房和城乡建设部科技发展促进中心建科综[2008]61号《关于印发〈绿色建筑评价标识实施细则(试行修订)〉等文件的通知》,《绿色建筑评价标识实施细则(试行修订)》将绿色建筑评价标识分为"绿色建筑设计评价标识"和"绿色建筑评价标识"。

"绿色建筑设计评价标识"是依据《绿色建筑评价标准》《绿色建筑评价技术细则(试行)》和《绿色建筑评价技术细则补充说明(规划设计部分)》,对处于规划设计阶段和施工阶段的住宅建筑和公共建筑,按照《绿色建筑评价标识管理办法(试行)》对其进行评价标识。标识有效期为2年。

"绿色建筑评价标识"是依据《绿色建筑评价标准》《绿色建筑评价技术细则》和《绿色建筑评价技术细则补充说明(运行使用部分)》,对已竣工并投入使用的住宅建筑和公共建筑,按照《绿色建筑评价标识管理办法》对其进行评价标识。标识有效期为3年。

譬如,中国2010年上海世博会世博中心(图6-1)就被评定为我国第一批三星级"绿色建筑设计评价标识"的绿色建筑之一。

图6-1 上海世博会世博中心

1.绿色住宅建筑

在符合国家相关的法律、法规和标准的前提下,国家标准《绿色建筑评价标准》(GB/T 50378—2006)对住宅建筑从控制项、一般项和优选项3个层次规定了76个绿色化评价子项,作为对绿色住宅建筑的评价标准。

2. 绿色公共建筑

在符合国家相关的法律、法规和标准的前提下，国家标准《绿色建筑评价标准》(GB/T 50378—2006)对公共建筑中的办公建筑、商场建筑和旅馆建筑从控制项、一般项和优选项3个层次规定了83个绿色化评价子项，作为对绿色公共建筑的评价标准。

绿色生态建筑评价体系作为建筑全寿命周期的一套明确的评价及认证系统，是衡量建筑在各个阶段所达到的"生态化"的程度的准则，用一系列指标体系，通过建筑活动中清晰具体的条例来对实践进行指导。它注重在决策思维、规划设计、实施建设和使用管理等整体过程中的系统化、模型化和定量化分析，全面考虑全球环境系统和城市基础设施、建筑形态、建造过程、使用方式、建筑材料以及室内环境等方面。绿色生态建筑评价体系的建立代表着建筑界对建筑、人和环境关系的认识进入了新的阶段。

国外著名的绿色建设评价体系：美国的LEED、英国的BREAM、日本的CASBEE、日本环境共生住宅A～Z、多国共同制定的GBC体系、德国的LNB、澳大利亚的NABERS、挪威的EcoProfile、法国的ESCALE等，中国香港、台湾地区也相继推出相关的绿色生态建筑评价体系。这么多的国家都在规范和推广绿色生态建筑，可见绿色建筑的重要性，为了紧跟这个大趋势，我国内地的绿色生态建筑评价体系将建筑分为居住建筑和公共建筑两类。

二、绿色建筑设计评价体系

(一)国外绿色建筑评价体系

1. 美国的LEED

(1)LEED体系简介。1995年，美国绿色建筑协会发起编写了《能源与环境设计先导》(LEED)，来创造和实施广为认可的标准、工具和建筑物性能表现评价标准，进一步实现定义和度量可持续发展建筑"绿色"程度的目的。美国的LEED是在英国的BREEAM(建筑研究机构环境评价方法)和加拿大BEPAC(建筑环境性能评价标准)上形成的，见表6-2。现今其发展为2.2版，并仍处于不断发展之中。

表 6-2　LED 评价系统框架及分值

	分值	占总分值的比例(%)
工程现场状况	14	20
水资源的有效利用	5	7
能源和大气	17	25
材料和资源	13	19
室内环境品质	15	22
设计过程及创新性	5	7
总计	69	100

LEED 中激励先进机制较为突出，它的适用群体为愿意领先于市场、相对较早地采用绿色建筑技术应用的项目。由于 LEED 是一个权威的第三方评价和认证结果，有着增加绿色建筑的认知度以及提升物业水平的作用。为了使创新的绿色建筑技术得到广泛应用，应多鼓励热爱绿色建筑应用创新的先行者，即使其不是 LEED 评价标准的目标群体，也应对其加以鼓励，使他们积极参与到绿色建筑设计中。随着建筑行业技术水平的发展，绿色建筑脱颖而出，受到广泛的关注。以 LEED 评价建筑物，取得认证的建筑物需要具备其规定性能，且处于不断提升之中，进一步发展绿色建筑技术。

(2)LEED 体系的结构和特点。总的来说，LEED 绿色建筑分级评价体系是基于民间自愿、具有共识、市场推动的建筑评价系统。LEED 制定的节能和环保原则和有关措施，都是当前市场上技术的应用，需要处理好传统实践与新兴概念之间的关系。

LEED 是从建筑物的整体上对其具备的环保性能进行评价，为“绿色建筑”提供了一定的标准。

LEED 评价体系是 USGBC 所领导，并且开发出来的，融合了整个建筑行业的各种信息，被公众监督的同时也接受公众的审查。

LEED 评价体系中的绿色建筑评价标准主要有以下几点：场地选址；水资源利用效率；能源利用效率及大气环境保护；材料及资源的有效利用；室内环境质量。

上述五项考量内容中，LEED 还添加一些奖励分的评价，即“设计流程创新”，用来鼓励建筑设计者在绿色建筑中的创新设计，同时弥补 LEED 在上述五方面的评分。将 LEED 评价产品的评价点分为以下三种：

1)评价前提。不管是哪一个项目都应该具备必要条件,若有一项达到评价前提的要求,则不能通过LEED认证。

2)评价要点。也称作得分点,即上述五项考量内容中所应用的技术措施。在进行项目实施时,根据建筑的实施情况选择技术措施,针对LEED认证级别来进行相应的得分评价。

3)创新分。这种分值主要发生在以下两种情况中任意一个情况才能获得:一种是项目中事先没有涉及环保节能,但在实施工程后却达到了显著成效;另一种是项目中应用的技术措施取得的效果远超出与其效果和LEED评价体系中的要求,甚至具有示范性。

为了让LEED评分点容易被理解和实施,可以从以下四个方面展开评价要求:评价点的目的、评价要求、建议采用的技术措施以及所需提交的文档证明的要求。

性能表现作为LEED的重要评价标准,即建筑物在某方面得分点的获得与建筑物在此方面的性能表现有关,与其所应用的技术无关。譬如,在LEED-NC中,若建筑物中所采用的可再生能源占建筑物总体电力能耗的5%,就获得1分。

根据申请项目满足评价前提条件要求的程度,进行评分。根据评价要点和创新分的得分情况,可将申请项目划分为四个级别:不低于满足评价要点要求的40%时,为认证级;不低于满足评价要点要求的50%时,为银级;不低于满足评价要点要求的60%时,为金级;不低于满足评价要点要求的80%时,为白金级。按照评价的分数确定认证级别,可以反映建筑物的性能。

LEED评价体系之所以得到国际社会的认可,主要是因为其实施简便,易于理解,使用范围广。

2.英国的BREAM

(1)BREAM体系简介。1990年,经英国建筑研究组织(BRE)和一些私人部门的研究者制定了英国建筑研究组织环境评价法(BREAM),是世界上第一个绿色生态建筑评价体系。主要用来指导绿色生态建筑实践,减少建筑对全球和地区环境带来的负面影响。2005年,该体系获得东京世界可持续建筑会议最佳程序奖,其他国家的评价体系也纷纷学习其成功之处。

现今,BREAM适用于新建和已有建筑的环境性能评价。普通类型的建筑则不适合此评价体系,特殊建筑可以创建独立的版本。对于英国以外的地区有BREAM的世界版(BREAM International)(表6-3),但是这个版本不是固定的,仍处于不断修正与完善中。

表 6-3 BREEAM 各个主要版本

名称	覆盖范围
BREEAM Bespoke	用于评价 BREEAM 标准分类以外的处于设计和建造阶段的建筑，包括实验室、高级教育建筑、旅馆、休闲场所等
BREEAM Offices	新建、翻新和运行中的办公建筑
EcoHomes	新建住宅
The Code for Sustainable Homes	基于 EcoHomes，从 2007 年 4 月开始取代 EcoHomes 作为英国新建住宅的评价标准
EcoHomesXB	用于现有建筑翻新管理
BREEAM International	英国以外地区建筑评价
BREEAM Multi-Residentail	对处于设计和建造阶段的学生宿舍、老年住宅、福利院等进行评价
BREEAM Retail	新建、翻新和运行零售建筑
BREEAM Industrial	新建轻工业和仓库建筑
BREEAM Schools	初级和中级学校建筑
BREEAM Prisons	监狱的住宿楼
BREEAM Courts	新建或翻新的法院建筑

(2)BREEAM 的评价对象和目的。英国 BREEAM 评价体系中建筑单体绿色生态认证是受环境性能评分影响的。其对象有单体建筑、某一建筑群。BREEAM 体系具有营造良好建筑市场，促进示范性建筑修建的作用；支持对建筑设计、运行、管理和维护中存在的环境进行分析；施行该体系，既要遵守建筑和环境的法律法规，还要提升自身的制度要求；提升建筑所有者、设计者、使用者、管理者对环境友好型建筑建设的意识。

(3)BREEAM 的评价构架和内容。BREEAM 之所以容易理解，是因为它的体系架构简单，且公开透明。针对不同的环境类别设定“评价条款”，主要受到建筑对全球、区域、场地和室内环境的影响。评价体系包括以下八个方面：

1)管理方面，总体政策和规程。

2)能源方面，能耗和二氧化碳排放。

3)康居方面,室内和室外环境。

4)污染方面,空气和水污染。

5)交通方面,交通造成的二氧化碳排放和场地相关因素。

6)土地使用和生态方面,绿地和节地,场地生态价值的保存和扩大。

7)材料方面,材料对环境的影响,包括全生命周期影响。

8)水资源利用方面,消耗和有效利用。

BREEAM 每一条目下有若干子条目而且对应不同的得分,对建筑评价主要包括建筑性能、设计与建造、管理与运行三个方面。BREEAM 的主要评价项目和流程图如图 6-2 所示。需要注意的是,BREEAM 中的评价项目虽然相同,但是不同的建筑类型的权重取值会随着不同的版本发生变化。

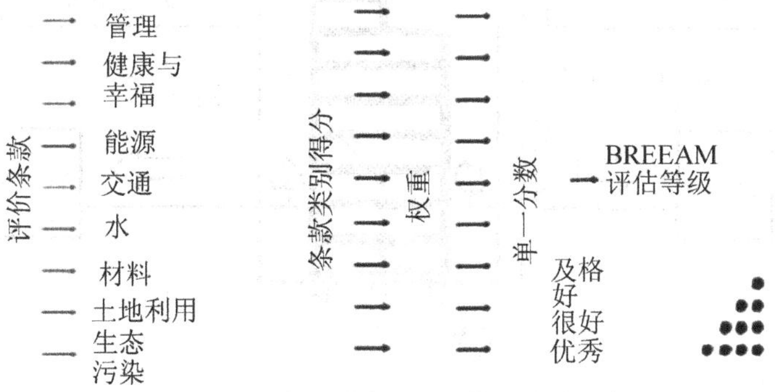

图 6-2 英国 BREEAM 的评价项目和流程图

3. 日本的 CASBEE

(1)CASBEE 体系简介。日本的“可持续建筑协会”(JSBC)于 2003 年 7 月,开发了《建筑物综合环境性能评价体系・手册 1——绿色设计工具》,将建筑物综合环境性能评价系统——Comprehensive Assessment System for Building Efficiency(CASBEE)建立起来,日本全国都认可这种评价体系。到 2006 年 8 月为止,JSBC 一直持续开发升级 CASBEE 系统,陆续出版了 EB、CASBEE-NC、HI(用于热岛评价)、RN 和 UD(用于城市开发)。

(2)CASBEE 的评价理念与模型。与英国的 EcoHomes 和美国的 LEED 相比,CASBEE 的评价理念截然不同。在 BREEAM 和 LEED 中均是将评价因素分为几个大项,每个大项下面又分为若干小项,以一定的判断和标准为依据对小项进行评分,最后加上各小项的分数,得到一个总的综合分数。这种评价方法理解起来较为容易，操作也简便，但评价内容是否周到以及给分权重是否合适会影响其评价的全面性、客观性和正确性。日本建立的CASBEE是以封闭系统和建筑环境效率为基础的。首先，它用一个假想的封闭系统来代表建筑物用地边界线和建筑最高点所形成的封闭空间(图6-3)，内部空间与外部空间是组成该空间的两部分，并以此作为生态评价的框架基础。业主、规划设计人员等可以控制的空间是内部空间，公共(非私有)空间是外部空间，几乎不能被建筑相关人员所控制。其次，CASBEE将生态效率向环境效率延伸，直到建筑环境效率，从而以 *BEE* 指标综合评价建筑场地内外。

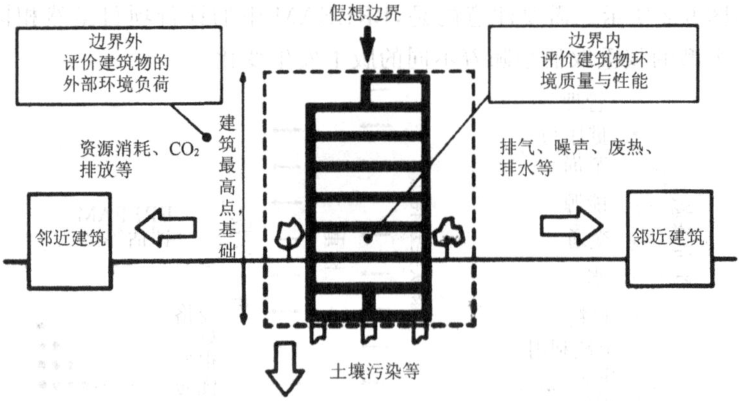

图6-3　基于假想封闭系统与建筑环境效率概念的评价模型

“对假想封闭系统外部公共区域的负面环境影响”是对建筑物的“外部环境负荷”的理解，包含二氧化碳排放、能源消耗、废热、土壤污染、噪声等一切不利于封闭系外环境的因素。“对假想封闭系统内部建筑使用者生活舒适健康性的改善”则是对建筑物“环境质量与性能”的理解，包括影响舒适健康等各种因素。

(3)CASBEE评价方式。为了使评价过程更加明了，CASBEE提出了简明的评价指标——建筑物环境效率(*BEE*)，将其作为评价建筑物绿色性能的标准，并采用以下公式来确定其大小：

$$BEE=\frac{Q}{L}$$

其中：建筑物的环境质量与性能为 Q(Quality)，代表参评建筑对假想封闭空间内部建筑使用者生活舒适性的改善；环境负荷为 L(Load)，代表参评建筑对假想封闭空间外部公共区域的负面环境影响。以用地边界和建筑最高点为界的三维封闭体系就是假想封闭空间，其作为建筑物环境效率评价的范围是由CASBEE决定的。可以从公式中看出，当分子 Q 越大，分母 L 越小时，BEE 的值就越大，也就说明该建筑有较高的绿色性能。在评价建筑物时，首先分别对 Q 和 L 进行评价，将评分结果计算出来后，将这两项相除，最后得 BEE 的值。

资源再利用、能量消费、室内环境、当地环境 4 个方面是 CASBEE 的评价内容，包括 93 个子项目。为了评价更为便利，CASBEE 分类重组这些子项目，分别划分到 Q 和 L 两大类中去。其中室内环境、服务质量、室外环境（建筑用地内）3 个子项目包含在 Q 中，能源、资源与材料，建筑用地外环境 3 个子项目包含在 L 中。每一个子项目都受到 CASBEE 所规定的详尽的评价标准的影响，使得评价人员可以更加快捷地、精准地获取评价结果，设计人员在受到其指导后，也可以更加科学地在建筑设计、施工阶段进行自评。

CASBEE 的评分标准采用 5 分制，基准值为 3 分，原则上满足建筑基准法等最低条件时评定为 1 分，达到一般水平时为 3 分，最优水平为 5 分。在对各评估细项进行评分后，进行评估计算，最终得到评估结果各评估细项进行评分后，进行评估计算 BEE 的值，由于每个项目在建筑整体环境效率的提高方面所占的重要程度不同，各评估细项的得分需乘以事先确定的权重系数后才能将其相加，各项目的权重系数按表 6-4 选取。

表 6-4　评价项目的权重系数

	评价项目	工厂以外	工厂
Q-1	室内环境	0.40	0.30
Q-2	服务性能	0.30	0.30
Q-3	室外黄金（建筑用地内）	0.30	0.40
LR-1	能量	0.40	
LR-2	资源与材料	0.30	
LR-3	建筑用地外环境	0.30	

在评价包含两种或两种以上功能的综合建筑物时，首先应以功能为依据，将建筑物划分成多个单独的建筑功能区，然后分别对每个功能区进行评价，再将得出的结果依据各个功能区所占的建筑面积比例为依据进行加权平均，最后将整个建筑物的评价结果总结出来。

在结束评价后，在以 L 为横轴、Q 为纵轴的坐标图中将评价结果表示出来（图 6-4），原点与评价结果坐标点之间连线的斜率是 BEE 的值。Q 越大，L 越小，斜率

BEE 就越大，说明该建筑有较高的绿色水平。对该方法的应用，可以对建筑物的绿色等级进行评定，将“绿色标签”贴在建筑物上。绿色标签分为 S、A、B+、B-、C 等 5 级，分别代表极好、很好、好、一般、差。

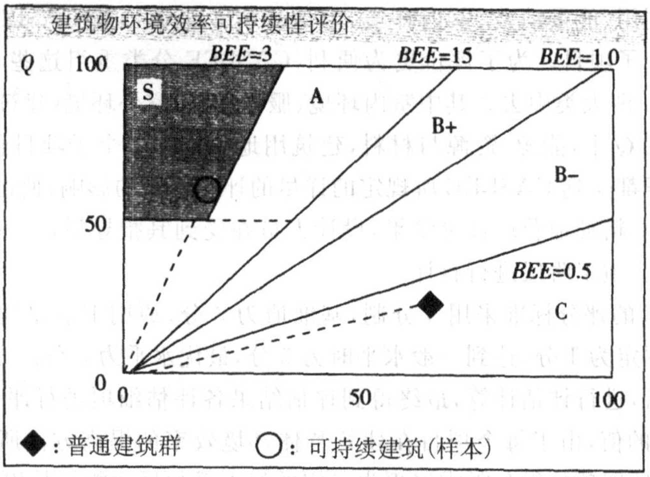

图 6-4　表示评价结果 *BEE* 的坐标图

（二）我国绿色建筑评价体系

1. 绿色奥运建筑评估体系

从 20 世纪 70 年代开始，国际奥委会就对奥运会提出环保方面的要求，并逐步将环境保护政策化。1991 年修改奥林匹克运动宪章时，将一个新的条款增加进去，那就是让所有申办奥运会的城市都要提交一份环保计划。1996 年环境委员会正是成立于国际奥委会之中，在奥林匹克运动中“环境保护”是不可缺少的重要部分得到了明确，现代奥运会的主题中加入了“环保”，成为继“运动”和“文化”之后奥林匹克运动的第三大领域。

“绿色奥运”“科技奥运”和“人文奥运”是北京 2008 年奥运会明确提出的口号，为了将真正的绿色内涵赋予奥运建筑，需要将一套科学的评估体系建立起来，作为基本的评价手段来加以运用，于是产生了《绿色奥运建筑评估体系》(GOBAS)。2003 年，经由清华大学、中国建筑科学研究院等 9 家单位联合研究开发的《绿色奥运建筑评估体系》正式面世。通过建立严格的、可操作的建设全过程，GOBAS 力图对管理机制进行监督，落实到设计、招标、施工、调试及运行管理的每个环节，使奥运建筑的绿色化变为现实。

(1)体系框架。GOBAS 对日本 CASBEE 评估体系中建筑环境效率——绿色建筑的性价比——的概念进行了借鉴,Q(Quality)和 L(Load)两大类是对评分指标的划分:建筑环境质量和为使用者提供服务的水平是 Qualily;能源、资源和环境负荷的付出是 Load,并用由 L 和 Q 为横、纵坐标建立的平面框图来划分参加评估项目的绿色性,如图 6-5 所示。

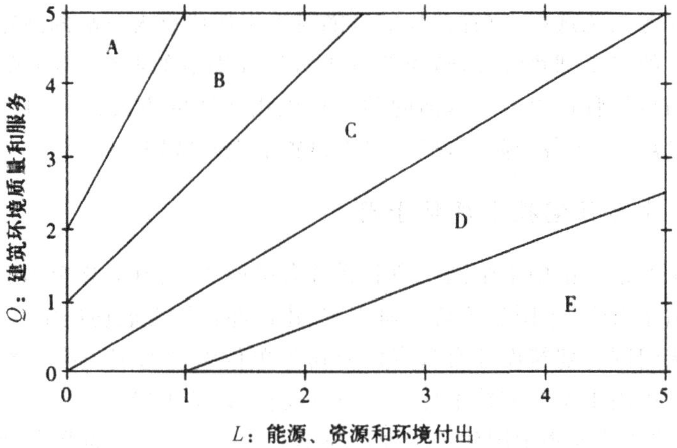

图 6-5　《绿色奥运建筑评估体系》评估结果框图

当在图中 A 区显示评估结果时,这就表明该项目即便缺少资源和环境,但其建筑品质还是极为优质的,该建筑可称为优等的绿色建筑;当在 B、C 区域显示时,表明该项目对资源和环境的消耗比较大,未能产生良好的效果,但在框图的划分中仍然处于“上游”位置,可称为普通化的绿色建筑;若项目处于 D、E 两区域时,说明该评估项目已经处于高消耗、低品质的被淘汰类别,尤其是在 E 区域,这种情况是需要极力避免的。

GOBAS 主要由下列部分组成:

1)绿色奥运建筑评估纲要(评估内容和要求)。

2)绿色奥运建筑评分手册(评估记分办法)。

3)评分手册条文说明(解释原理及条目含义)。

4)评估软件。

(2)评估内容。以全过程监控、分阶段评估为依据的指导思想,可以将评估过程分为四个大的部分:第一部分:规划阶段;第二部分:设计阶段;第三部分:施工阶段;第四部分:验收与运行管理阶段。

根据上述不同建筑阶段的要求与特点,分别从能源、材料与资源、环境、水资源、室内环境质量等方面展开评估。只有前一阶段对绿色建筑的基本要求进行满足,那么才能展开下一阶段的设计和施工工作,当按照这一体系在建设过程的各个阶段都达到绿色要求时,就可以认为这个项目达到了绿色建筑标准。

对环境性能的要求,在建筑全生命周期的各个阶段都有不同的侧重点。在规划阶段,对能源系统选择、位置选择等可能对未来造成重大影响的战略性问题比较强调;在设计的突出细致阶段,转而偏重于对设计细节的考察;施工阶段关注施工过程;验收与运行管理阶段对以前的预测性能用实测的方式进行印证。即便有相同的评价内容存在于各个阶段,但在权重设置上也有区别。

2.中国生态住宅技术评估手册

(1)产生背景。由中华全国工商业联合会房地产商会(简称全国工商联房地产商会)联合清华大学、中国建筑科学研究院、建设部科技发展促进中心、哈尔滨工业大学、北京天鸿圆方建筑设计有限责任公司等单位编制的国内第一部生态住宅评估体系就是《中国生态住宅技术评估手册》(简称《评估手册》)。

为了能够持续促进中国住宅产业的发展,在成立全国工商联房地产商会成立时即对“在全国推广绿色生态住宅”的行动计划进行了拟定。该计划提出:“与国际接轨,建立我国绿色生态住宅技术评估体系,在全国创立开放型的‘全国绿色生态住宅示范项目’品牌。以节约能源与资源、减少环境负荷、营造健康舒适的居住环境为宗旨,推进我国住宅产业的可持续发展。”在这个背景下,专家学者们结合我国的实际情况,在深入研究世界各国绿色建筑评估体系的基础上,于2001年9月制定了《中国生态住宅技术评估手册》(第一版),并指导与评估了国内第一批“全国绿色生态住宅示范项目”。

推出该《评估手册》,国内外同行和社会各界都给予了广泛关注,在一年的初步实践和开发、设计以及科研院所等单位的积极参与下,2002年充实、完善了评估手册,并将《评估手册》的第二版给予发布。

2003年9月,《评估手册》的第三版完成于“非典”疫情后,在新修订的这一版中,加入了如何科学处理疫病传播与居住环境之间密切关系的问题,要求建筑在更高水平上满足通风、形式、空调、采光、给水排水、绿化与景观等方面的健康学指标。该版取得的社会效益和经济效益已经卓有成效,在业界和用户中得到的认可是非常广泛的。

(2)评估体系结构与评价方法。

1)评估体系结构。该评估体系由住区水环境、住区环境规划设计、室内环境质量、能源与环境、材料与资源五部分构成，将住区生态性能的各个方面进行了涵盖。在设置体系结构和内容时，对设计指导和性能评价的综合性进行了充分考虑。

评价指标分为四级：一级为评估体系的五个方面；二级为一级五个评价方面的细化；三级为部分二级指标的进一步细化；四级为具体措施。

从开放性上来看，这种指标体系结构是比较优良的，这样对指标的修改和增减就比较方便了。由于当前我国较为缺乏生态住宅评估所需的基础数据，例如，我国各种建筑材料生产过程中的 CO_2 排放量、能源消耗、各种不同植被和树种的 CO_2 固定量等都还没有统计数据，难以对定量评价的标准进行科学的确定，所以，定性和定量相结合的原则对评价指标来说最适合不过。以技术措施为主的定性指标，不但对评价有积极作用，还能指导设计。

2)评价方法。构建的评分标准体系在评估体系框架下，由规划设计阶段评分标准、必备条件审核和验收与运行管理阶段评分标准三部分构成。

必备条件审核主要是对标准和规范要求、参评项目是否满足国家法规以及是否对绿色建筑基本要求给予顺应进行审核。若不符合任意一条必备条件，都不能参加生态住宅的评估。

以评估体系的一级指标的五个方面为基础，展开对规划设计阶段评分和验收与运行管理阶段的评分。每个方面均为 100 分，每个阶段总分为 500 分，两个阶段总分合计为 1000 分。

3.《绿色建筑评价标准》

(1)《绿色建筑评价标准》基本内容。以建设部“建标函[2005]63 号”的要求为根据，由上海市建筑科学研究院会同中国城市规划设计研究院、中国建筑科学研究院、中国建筑工程总公司、清华大学、中国建筑材料科学研究院、深圳市建筑科学研究院、国家给水排水工程技术中心、城市建设研究院等单位共同编制《绿色建筑评价标准》(以下简称《标准》)。编制组在编制过程中，对国外的同类标准进行了借鉴，并召开了专家研讨会，进行专题分析研究，《绿色建筑评价标准》试评工作有序开展，在反复讨论和修改后，《绿色建筑评价标准》征求意见稿终于形成。2006 年发布实施的《绿色建筑评价标准》是我国绿色建筑评价标准体系形成的重要标志。

《绿色建筑评价标准》分为公共建筑、住宅建筑两大板块，主要有节能与能源利用、节地与室外环境、节材与材料资源利用、节水与水资源利用、室内环境质量和运营管理六类指标，包含建筑物全寿命周期内的施工、规划设计、运营管理及验收各阶段评定指标的子系统。

绿色建筑评价以住区单栋住宅为对象对住宅建筑进行评价；以单体建筑为对象对公共建筑进行评价。在对单栋建筑进行评价时，凡是对室外环境有所涉及的指标，则是根据该栋住宅所处环境的评价结果为依据；对扩建、新建与改建的住宅建筑或公共建筑的评价，在对其使用一年之后进行评价。绿色建筑应满足住宅建筑或公共建筑中所有控制项要求。

(2)主要特点。建筑的全生命周期是《标准》重点关注的，希望能在规划设计阶段就对环境因素进行充分考虑和利用，而且要保证施工过程尽量不对环境造成太大影响，运营阶段能为人们提供舒适、健康、低消耗、无害的活动空间，并且在拆除后还能维持较好的环境条件。为了使建筑的使用功能得到满足，并且保证环境和资源不被破坏和浪费，所以为达到单项指标而过多地增加消耗是不提倡的，同时也不能为了减少资源消耗而降低建筑的功能要求和适用性。强调将节地、节能、节材、节水、保护环境五者之间的矛盾放在建筑全生命周期内统筹考虑与正确处理，并且对于信息技术、智能技术和绿色建筑的新产品、新技术、新材料与新工艺的应用还需引起重视。

通常建筑物所应有的功能和性能要求并未被《标准》全部涵盖其中，而是对与绿色建筑的性能相关的内容进行着重评价，主要包括节地、节能、节水、节材与环境保护等方面。《标准》从建筑的全生命周期核算效益和成本，注重建筑的经济性，对市场发展需求及地方经济状况进行顺应，反对浮华铺张，提倡朴实简约，实现经济效益、社会效益和环境效益的统一。

(3)适用范围。由总则、术语、基本规定、住宅建筑、公共建筑等内容构成了《绿色建筑评价标准》。《标准》用于评价住宅建筑和公共建筑中的商场建筑、办公建筑和旅馆建筑。

以下六大指标包含于《标准》的评价指标体系中：节能与能源利用；节地与室外环境；节水与水资源利用；室内环境质量；节材与材料资源利用；运营管理。

各大指标中的具体指标分为一般项、控制项和优选项。其中，绿色建筑的必备条件是控制项；而实现难度较大、指标要求较高的项目是优选项。根据需要和可能对同一对象分别提出对应于控制项、一般项和优选项的指标要求。

绿色建筑的必备条件为全部满足《标准》第 4 章住宅建筑或第 5 章公共建筑中控制项要求。按满足一般项和优选项的程度，绿色建筑划分为三个等级。

建筑群或建筑单体是绿色建筑的评价对象。对单栋建筑进行评价时，以该栋建筑所处环境的评价结果为准，来规定涉及所有室外环境的指标。

第二节 太阳能与建筑一体化技术

太阳辐射的光能就是太阳能。它是一种巨大且对环境无污染的能源，是由太阳内部不断进行核聚变反应产生热能，通过辐射方式在其表面向宇宙空间发射出来的。对人类来说最理想、潜能最大的能源是太阳能。利用和开发太阳能，在当前能源问题研究中始终是受到关注的重要研究方向。

当前太阳能产品发展趋势之一是太阳能在建筑方面的综合利用。特别是太阳热水系统或太阳热水器，国家建设部已在民用节能环保住宅的使用范畴中将其加入。然而，建筑设计脱节的问题仍然存在于当前我国住宅对太阳热水器的过程中，换句话说，就是没有考虑太阳热水器在建筑设计过程中在住宅方面的应用，往往是在建筑建造完成后，安装太阳热水器的要求才由住户提出，因而会对建筑物外观有所影响。为了使这个问题得到解决，十分有必要对太阳能与建筑物进行一体化的设计。

一、天窗式

针对瓦屋面住宅(如别墅)，在朝南的瓦面上固定好太阳集热器，并且集热器边框的颜色应与瓦的颜色相匹配；在隐蔽之处安放贮热水箱，要在设计建筑时就设计好。

该类型热水器要配套家用增压泵、温差强制循环用的温差表及辅助加热器等自动控制部件。由于集热器的位置较高，水箱在低处(如楼阁)，集热器内部以及上下循环管都是不产生积水的，使冰冻地区的防冻问题得到了解决。又由于集热器处于闷晒状态，全湿型集热器(如全不锈钢太阳集热器)是最适合采用的，其具有与空气集热器相类似的板芯形状，且具有优良的传热性能，方便温差强制循环运行。

二、壁挂式

针对楼层比较高的建筑，楼面空间有面积上的限制，如果将太阳热水器安装在楼面，是无法对各个用户的需求进行满足的。况且一些低层住户，供热水管过长，容易造成较大的管道热损，对热水温度产生影响。为了使这个问题得到解决，可专门建造一块 1m×0.6m 的飘台于朝南的阳台旁边，在飘台上安装并固定集热器，放在室内的是卧式水箱。从地面上看，好像是在墙上挂着一个集热器，故称壁挂式太阳热水器。只要在建筑设计时就对其进行规划，在形状和规格上对集热器进行统一、规范，楼宇外观就不会受到影响。值得注意的是，宜采用透过率高、高耐候性优良的聚碳酸酯(PC)板作为集热器的透明盖板，透明玻璃不主张采用，因为打破玻璃会对人造成伤害。

三、分体式

针对 6 层以下的平顶屋面楼房，若女儿墙为 1.1m 的高度，而太阳集热器的高度为 1m，在集热器底部应安装卧式贮热水箱，所以太阳能热水器是在外面看不到的，外观问题解决。即便集热器在高层楼宇可看到，但因排列整齐，也不会对外观造成影响。该类型太阳热水器，水箱和集热器是不在一起紧紧靠着的，故称分体式。与天窗式的配套部件相似。将分体式运用在北方，为了防止冰冻，可将集热器支架周边用铝合金板封起来。

四、示范性太阳能绿色住宅的设计

从根本上说，开发利用太阳能资源的目的是：首先，太阳能资源是完全无污染的洁净能源之一；其次，为了将污染环境的、供应趋于紧张、贫乏的常规能源取代，一些经济发达的国家如荷兰、瑞士、日本、以色列、美国等，已出现利用太阳能供热、供冷、供电、照明的绿色住宅。作为示范性太阳能绿色住宅的太阳能产品有：太阳能热泵用于采暖和制冷空调；太阳电池家用电源和风力发电，用于住宅供电和照明；太阳能蒸馏器用于饮水；太阳热水系统用于供热水和采暖；生物质能污水处理的净化水用于浇花、淋树木等。

第三节　绿色建筑围护结构的节能技术

一、建筑围护结构基本状况

建筑物及房间各面的围挡物就是建筑围护结构，如门窗、地面、墙体、屋顶等。外围护结构则是指与外界空气环境直接接触的围护结构，如外窗、外墙、屋顶等；反过来则是内围护结构，如楼地面、内墙等。

满足居民的居住舒适度的要求是降低采暖和空调能耗的前提，尽量保持室内的温度、减少室内热量或冷量通过围护结构散失是其主要措施，因此建筑节能工作的重要措施就是重视高建筑围护结构保温隔热性。由组成围护结构的各部分材料性能决定建筑围护结构保温隔热性能，通常用传热系数 K 来衡量材料的保温隔热性能，材料传热的能力越强，那么传热系数越大，但是所表现出来的保温隔热效果就比较差。尽量降低围护结构各个部分的传热系数就是提高建筑围护结构保温隔热性能的主要措施。

（一）墙体

建筑外围护结构的主体是墙体，可以直接影响建筑耗能量的是保温隔热性能。我国大部分既有建筑以实心黏土砖为墙体材料，其热工性能绝大部分达不到设计标准。

以外墙为例，《民用建筑节能设计标准》（JGJ 26—95）规定：在建筑物体形系数不大于 0.3 时，北京地区传热系数小于 $1.16W/(m^2 \cdot K)$，但当前所采用的内抹灰砖墙传热系数都不小于上述节能标准数值。若要在很大程度上对墙体的热工性能进行提高，则需要采用高效保温隔热的墙体材料或结构。

（二）门窗

外围护结构中绝热性能最薄弱的部位是门窗，过去对空腹薄木板木门进行利用，现多填充以聚苯板或岩棉板使户门具有防盗、保温、隔音等功能。将绝热材料贴在阳台门下部，大大降低了传热系数。需解决镶嵌材料和窗框扇型材两部分的问题才能实现窗户保温性能的改变。如增加玻璃层数，可将窗户的保温性能大大提高；采用钢木型、钢塑型、木塑型等复合型窗扇，可提升窗户的框扇型材部分的保温性能。

（三）屋顶

加气混凝土保温材料是目前屋顶应用较多的材料，但厚度上要比传统屋面厚 50～100mm。此外已经开始有一些高效保温材料应用于屋面，正铺法聚苯板保温屋面，将 50mm 厚聚苯板做保温层铺设于结构层上，防水层是最上层；再如倒置型保温屋面，在防水层以上设置聚苯板，使得防水层不会受到太阳的直接照射，大大减小了其表面温度升降幅度，使防水层老化进程得到延缓。这种 50mm 聚苯板外保温屋面[传热系数为0.72W/(m^2·K)]与传统的20mm加气混凝土屋面[传热系数为0.92W/(m^2·K)]相比，保温屋面的节能效果是非常明显的。

二、绿色建筑围护结构节能技术

(一)屋顶节能技术

作为建筑物的外围护结构之一，屋顶在围护结构传热中屋面传热占总热量的6%～10%，仅次于门窗(25%)和外墙(25%～30%)，同时，屋顶作为一种建筑物外围护结构所造成的室内外温差传热耗热量，比任何一面外墙或地面的耗热量都要大。因此屋顶的保温、隔热是围护结构节能的重点之一[①]。

1.通风屋面

在屋顶上设置通风层，利用流动的空气带走热量就是所谓的通风屋顶。通风屋顶的工作原理：一种是对屋顶受太阳辐射产生的加热空气作用进行利用，使热压通风降温形成，带走屋顶吸收的太阳辐射热，很好地避免了辐射热的聚积，也不会进入室内，在室内传递；另一种是对夏季主导风向的风压进行利用，向屋顶的通风间层导入，带走了屋顶吸收的太阳辐射热。虽然通风屋面和实砌屋面二者具有相等的热阻，但由于屋盖由实体结构变为带有封闭或通风的空气间层的结构，因而存在很大的热工性能上的差异。通风屋顶的特点是散热快、隔热好，并且通风屋顶的特点还包括质轻、省料、防雨、防漏、材料层少、经济、易维修等。在我国夏热冬冷地区和夏热冬暖地区广泛采用了通风屋顶。

2.蓄水隔热屋面

在刚性防水屋面上蓄一层水就是蓄水屋面，利用水蒸发时对大量水层中的热量进行消耗是其主要目的。它将晒到屋面的太阳辐射热大量消耗掉，使得屋面的传热量有效减弱，也使得屋面温度得到有效降低，从而实现降温隔热。同时因为一定厚度的水在屋面上蓄积，就使得屋面的热惰性和热阻进一步增大，对屋顶内表面的温度可进行降低。

① 朱彩霞，杨瑞梁.建筑节能技术[M].武汉：湖北科学技术出版社，2012.

3. 种植隔热屋面

将植物种植在屋顶上，对植被的光合和蒸腾作用进行利用，对太阳辐射热进行吸收，这样降温隔热的目的就达到了。在夏热冬冷地区和华南等地，种植屋面应用很普遍。

种植屋面设计的关键是植物物种的选择，植物的存活率可以从良好的物种选择和搭配上进行提高，使免维护的种植屋面得以形成，对人工施肥和灌溉方面的维持费用的减少有积极作用。据实践经验，植被屋顶的隔热性能与培植基础质（蛭石或木屑）的厚度、植被覆盖密度和基层的构造等因素有关，还可种植蔬菜、红薯或其他农作物。但由于较厚的培植基质，对水肥的需求量大，需经常管理。

4. 反射降温屋面

材料的颜色和光滑度可对热辐射产生反射作用，对其加以利用，可通过对普通屋顶涂上浅色的、高反射率的涂料，反射回去一部分热量，将屋顶的日射反射率提高，使其对太阳热量的吸收减少，进而达到降温的目的。例如在做面时采用浅色的砾石、混凝土，或者将白色涂料刷在屋面上，能够使一定的隔热降温效果产生。若将一层铝箔纸板加铺在吊顶棚通风隔热的顶棚基层中，对第二次反射作用进行利用，将会进一步提高其隔热效果。

（二）地面节能技术

（1）建筑室内地面和毗邻采暖、不采暖空间及毗邻室外空气的地面工程是建筑地面节能工程的主要内容。

（2）地面节能工程的施工工作，需要放在主体或基层质量验收合格后进行。设计要求及施工工艺规定了基层处理工作。

（3）地面节能工程应对下列部位进行隐蔽工程验收：保温板黏结；防止开裂的加强措施；有防水要求的地面面层的防渗漏；保温层附着的基层；地面工程的隔断热桥部位；地面辐射采暖工程的隐蔽验收应符合《地面辐射供暖技术规程》（JGJ 142—2004）的规定。

（4）用于地面节能工程的保温、隔热材料，在厚度、密度和热导率方面必须符合设计要求和有关标准的规定，不得在各种保温板或保温层的厚度上产生负偏差。

（5）建筑地面保温、隔热以及隔离层、保护层等各层的设置和构造做法应符合设计要求，并应按照经过审批的施工方案进行施工。

(6)以下是地面节能工程的施工质量应符合的要求:穿越地面直接接触室外空气的各种金属管道应按设计要求,采取隔断热桥的保温绝热措施;应保证牢固的保温板与基体及各层之间的粘接,减少缝隙;应分层施工保温浆料层;严寒、寒冷地区底面接触室外空气或外挑楼板的地面,应按照墙体的要求执行。

(7)对于某些有防水要求的地面,其节能保温做法不能对地面排水坡度产生影响。应在地面保温层上侧设置防水层,在地面保温层下侧设置防水层时,其面层不能发生渗漏。

(8)严寒、寒冷地区的建筑首层直接与土壤接触的周边地面毗邻外墙部位或和房芯回填土的部位应按照设计要求采取隔热保温措施。

(三)门窗节能技术

1.门窗保温隔热性能与节能

(1)门窗的保温隔热性。减少门窗的传热,提高门窗的热阻指的就是门窗的保温隔热性,通常表示方式是用传热系数值 K,值越小,越能产生良好的保温隔热性能。

(2)影响门窗保温隔热性能的主要因素。门窗框材料、镶嵌材料(通常指玻璃)的热工性能和光物理性能等是能够影响门窗保温隔热性能的主要因素。的门窗框材料的导热系数越小,越会产生较小的门窗的传热系数,如铝合金型材(17.44W/m·K)远大于塑料型材的导热系数(约 0.1~0.25W/m·K),因此塑料门窗的要优于铝合金门窗的保温隔热性。

当空气层在玻璃中间形成,如三层或三层以上玻璃、中空玻璃等,相比于单层玻璃,其传热系数要小许多,这极大地提高了保温隔热性。玻璃对光波的透过、吸收、反射等性能就是玻璃的光物理性能。在对室内空间采光效果的保证下,即对可见光有良好的透过率,而对红外光等能显著影响室内气温的光线有一定反射率或吸收率。所以选用玻璃原片应科学合理,如镀膜玻璃、吸热玻璃等,使因玻璃而导致的室内热环境质量得到改善,从而降低空调能耗和采暖能耗。

2.门窗的气密性能与节能措施

空气通过门窗(关闭状态)的性能是门窗的气密性能。由于窗户在框与扇和扇与扇间以及扇框与玻璃之间都存在一定的缝隙,若密封效果差甚至根本不加密封,那么这些缝隙会产生空气流通现象,从而导致能量流失。因此,在保证室内空气质量的前提下(卫生换气指标为1次/h),降低门窗能耗的重要方法之一就是提高窗户的气密性。

应从门窗的制作、安装和加设密封材料等方面入手提高门窗的气密性,对密封材料产品的选择要求性能好、镶嵌牢固、方便、严密耐用、经济等。同时,在建筑工程中,窗框与墙体之间也需要加以密封。

3. 遮阳

(1)窗户内外的遮阳。以建筑立面设计要求的满足为前提,能够起到这样效果的方法是增设外遮阳板、遮阳篷及适当增加南向阳台的挑出长度。将镀有金属膜的热反射织物窗帘设置在窗户内侧,正面具有装饰效果,将约50mm厚的流动性较差的空气间层设置在玻璃和窗帘之间,这样可以产生比较好的热反射隔热效果,但应该做成活动式的因为直接采光差。另外,将具有一定热反射作用的百叶窗帘安装在窗户内侧也可获得一定的隔热效果。

(2)树木遮阳。对于较低的建筑物,可以利用树木花草建立非常好的遮阳系统。

随季节与气温发生变化,落叶植物的遮阳效果也不同,正好能够对建筑遮阳的需求进行满足。植物的枝叶在温度最高时最茂密,而到了冬季,枝叶则都变得稀疏枯萎,如图6-6所示。

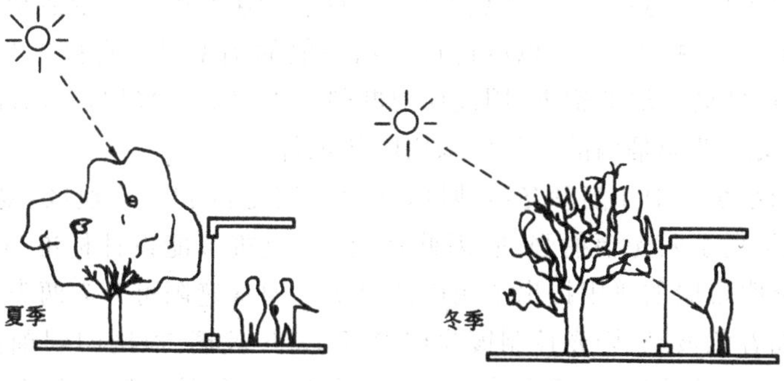

图6-6　树木遮阳

藤蔓植物除了可以对窗户进行遮阳外,还可以有效降低墙面温度。生长有7～8cm厚稀疏藤蔓的西墙温度比对比墙温度在午前低4.5℃左右,下午温度差别可达7.5℃(图6-7)。

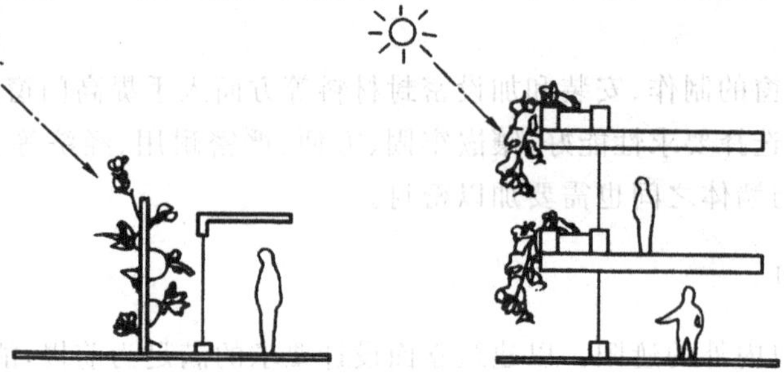

图 6-7　攀缘植物与盆花的遮阳作用

（四）幕墙节能设计

1. 透明幕墙

(1)建筑玻璃选择。阳光控制镀膜玻璃、着色玻璃、普通中空玻璃和 Low-E 中空玻璃等均属于节能玻璃，一般说来只采用单片阳光控制镀膜玻璃或单片着色玻璃是不能满足节能要求的，通过着色玻璃、Low-E 玻璃、阳光控制镀膜玻璃和透明浮法玻璃不同单片组成中空玻璃可满足节能要求，即玻璃的遮阳系数和传热系数都符合要求。

(2)型材选择(断热型材和断热爪件)。对于传递室内外热量活动过程，隐框玻璃幕墙的铝框不直接参加，所以应选择采用一般的铝型材。直接参与室内外热量传递的是明框玻璃幕墙的铝框，因此应对断热铝型材进行采用，并消除铝型材的冷桥效应。点支式玻璃幕墙的爪件应采用断热爪件。

(3)遮阳系统。对于夏热冬冷地区、夏热冬暖地区和寒冷地区，夏季制冷能耗的主要根源是夏季阳光辐射强烈，因此在《公共建筑节能设计标准》(GB 50189—2015)中对透明幕墙的遮阳提出了明确的要求。通常遮阳可分为两类：一类是面板自身遮阳，如着色玻璃、阳光控制镀膜玻璃、Low-E 玻璃、丝网印刷釉面玻璃等；另一类为遮阳系统，遮阳系统又可分为内遮阳和外遮阳，外遮阳又分为垂直遮阳、水平遮阳、综合遮阳和挡板遮阳，内遮阳分为遮阳百叶和遮阳帘等。依据遮阳系统的控制方式可分为活动式、固定式、人工控制和智能化控制。

2. 非透明幕墙

石材幕墙或金属板幕墙就是非透明幕墙，由传热系数表征其热工性能。一般实体墙都在非透明幕墙的后面，因此只要将保温层做在非透明幕墙和实体墙之间即可。一般采用保温棉或聚苯板来制作保温层，良好保温效果的达到取决于厚度是否达到要求。

(1)金属板幕墙。随着玻璃幕墙的发展，逐渐发展起来的还有金属板幕墙，建筑物外装饰的发展必定会受其影响而得到发展动力。

相比较于玻璃幕墙，以下几个特点是金属板幕墙主要具有的：质量轻；强度高；优良的成形性；板面平整无暇；加工容易，生产周期短，质量精度高，可进行工厂化生产；防火性能好。

一般是在承重骨架和外墙面上悬挂金属板幕墙。它的优点是典雅庄重，质感丰富以及耐久、坚固、易拆卸等。大多数是采用预制装配的施工方法，施工精度要求高，节点构造复杂，必须有完备的工具和经过培训的有经验的工人才能完成操作。

(2)石材板幕墙。在石材板幕墙结构设计中，不仅要计算金属骨架体系的构件，对金属挂件、石材面板、联结焊缝、锚固螺栓等都应进行必要的计算，而且必须现场进行对所选用的锚固螺栓的拉拔试验。此外，必须经原设计单位，对改变原立面造型设计的装饰工程进行主体结构强度验算合格后，才能实施。

可见，石材板幕墙这种装饰作法并不简单，它要经过其他专业功能设计和全面的结构设计。当前我国正在编制有关石材板幕墙的设计和施工验收规范，所以设计暂时只能参照《玻璃幕墙工程技术规范》(JGJ 102—2013)有关条款进行。在骨架结构体系和金属挂件的研究领域尚没有产生有巨大价值的开发项目成果，特别是为降低造价，许多工程项目采用普通型钢作金属骨架，防腐措施仅仅是刷防锈漆，实际上是无法对石材饰面板安装后进行日常维护的，在南方潮湿和沿海盐雾腐蚀较严重的地区，尤其影响建筑物耐久性和安全性。

第四节 绿色建筑的智能化技术

一、计算机控制技术

使受控的参数按照指定的规律做出变化就是自动控制所能实现的功能。自动控制系统由三部分构成：一定数量的检测仪表、执行机构和具体的控制算法。检测仪表和执行机构在自动控制系统中可以有多种组合方式，根据组合方式的不同和信息处理方式的差异，自动控制系统可以分为两种，即开环控制系统和闭环控制系统。闭环控制系统又被称为反馈控制系统。

在建筑自动化系统中，开环控制系统的性能和控制精度较差，因此不常使用，而闭环控制系统应用较为广泛。常用的负反馈控制过程如下：一定的干扰介入，被调参数与设定值之间出现偏离，敏感元器件识别到这种变化，并通过变送单元转化为标准信号送到调节器，调节器的比较环节计算出偏差，偏差信号被传送到调节器中经过加工，运算输出控制量去控制调节执行机构，改变输入到被调对象中的参量，克服干扰所造成的影响，使被调参数又趋于给定值。

自动控制系统的基本功能是测量、变送、比较、加工信号，这些功能的完成离不开敏感传送器、调节器和执行机构。控制系统中最重要的部分就是调节器，它决定了控制系统的调节规律，还决定着控制系统的调节品质。如果用微型计算机来充当调节器的话，就可以构成一个微型计算机控制系统，其基本框图如图 6-8 所示。

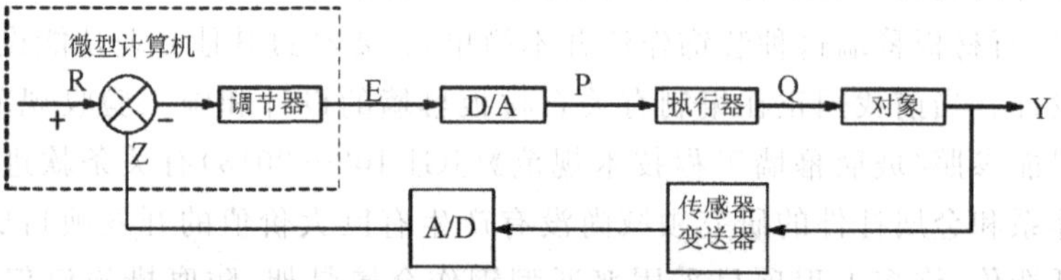

图 6-8　**微型计算机控制系统基本框图**

将计算机引入控制系统中，可以利用微型计算机的强大数学运算、逻辑运算和记忆存储等功能，借助计算机指令系统，编写出符合控制规律的计算机程序。计算机按照编写好的程序进行运算，就可以调节被控参数。由于计算机控制系统中输入的是数字信号，输出的也是数字信号，因此必须在这种控制系统的输入端加 A/D 转换器，实现模拟信号到数字信号的转化，在输出端必须加 D/A 转换器，再把数字信号转化为模拟信号。

计算机控制系统包括两部分，即硬件系统和软件系统。在计算机系统中，软件主要指的是无形的程序，而硬件主要指的是有形的设备。在常规的控制系统中，硬件决定着系统的调节规律，只有改变硬件才能改变调节规律。而在计算机控制系统中，改变软件就能实现调节规律的改变。

从本质上来看，计算机控制系统控制过程的实现有三个步骤，即实时数据采集、适时决策、实时控制。不断重复这三个步骤就能保证系统按照预先设定的规律进行工作，同时还能实时监督被调参数和设备的运行状况，避免运行设备超过极限值的现象发生。就计算机而言，控制过程的三个步骤，实际上就是执行输入操作、算数和逻辑运算、输出操作的过程。实时指的是信号的输入、运算和输出都要控制在一定的时间范围内，这要求计算机处理所输入信息的时间要尽可能短，尽量压缩做出反应或是进行控制的时间，如果超出了这个时间，控制就失去了它的意义。

数字电子计算机是计算机控制系统所运用的自动化工具。这种先进的自动控制技术依靠强大的数字计算能力、逻辑处理能力、信息存储能力以及自控网络数据通信能力远远超过了以模拟电气仪表为主的模拟控制技术，它既具备常规控制系统所具有的控制功能，还具有以下一些独特的优点：

首先，它的控制速度快、精确度高，可以轻易达到常规控制仪表所不能达到的控制质量。

其次，它的判断和记忆功能使其能综合生产过程的各方面情况，一旦环境和过程参数出现变化，能够做出及时的判断，并选择合理有效的方案和对策，这是常规控制仪表不能实现的。

再次，有一些生产过程，或者是对象比较滞后，或者是各个参数之间的关系比较密切，又或者是间接指标只有通过计算才能获得，以上这些过程运用常规控制仪表的话，得到的控制效果往往不理想，而使用计算机控制系统就能得到最佳的控制效果。

总而言之，计算机控制系统可以轻易实现任意的控制算法，只要对程序或控制算法（或模型）中的一些参数稍加改动，就能得到不同的控制效果。

建筑领域常用的建筑自动化系统就是以计算机自动控制技术为基础，它可以为智能建筑提供一个节能、安全、便利而又高效的建筑环境。

二、物联网关键技术

继计算机、互联网和移动通信之后，物联网带来了又一次的信息产业革命。随着全球一体化、工业自动化和信息化进程的深入以及“智慧地球”“感知中国”的提出，物联网逐渐兴起。

作为一种新兴的网络技术，物联网受到了人们的广泛关注，被称为世界信息产业的第三次浪潮（前两次浪潮为计算机、互联网）。物联网是新一代信息技术的重要组成部分,从不同角度和在不同阶段会有不同的解读。

(一)物联网的基本定义

1999年,物联网的概念被正式提出。物联网的英文为“The Internet of Things”,即“物物相连的互联网”。物联网的概念包括两方面的内容:首先,互联网是物联网的基础和核心,物联网是在互联网的基础上延伸和拓展而来的;其次,其用户端延伸和拓展到了任何物品与物品之间,进行信息交换和通信。

物联网实现了人类生存的物理世界的信息化和网络化,将传统的、分离的物理世界和信息空间整合起来。在未来,物联网在推动经济发展、社会进步和科技创新方面将发挥重要作用。中国工程院院士邬贺铨提到,智慧城市指的是用智能技术构建建筑的关键基础设施,提升建筑的管理服务,为市民打造一个和谐友好的生存环境,绿色建筑本身就是一个网络建筑。物联网是互联网应用的进一步拓展,因此物联网是绿色建筑的重要标志。中国工程院院士王家耀指出,绿色建筑的含义是使建筑变得更聪明。在建筑物体内植入智能化传感器,通过互联网将这些传感器连接起来从而形成物联网,既能全面感知物理建筑,又能通过发出的指令,智能化地支持和响应政务、民生、公共安全、卫生等各种需求。

在绿色建筑中,物联网的建设要面向建筑公共安全、交通物流、现代服务业等领域的重大需求,以解决上述物联网应用领域共性问题为目标,运用系统科学的理论,探索物联网的基本规律,研究和解决大规模、实用化物联网所急需的关键科学问题。

(二)物联网的结构层次架构

如图6-9所示,为物联网的结构层次架构,物联网的结构主要分为三层,即应用层、网络层和感知层。物联网将万事万物连接在一起,是一个能够全面感知、可靠传送、智能处理的网络,实现了任何时间、任何物体以及任何地点的连接。将人类社会和物理世界有机结合在一起,使人类管理生产和生活的方式可以更加精细和动态,进而使得社会信息化能力得以提高。物联网的核心技术有识别与环境感知技术、传感与RFID融合技术、物联网通信与频管技术、物联网节点及网关技术、物联网组件与算法、物联网接入和组网技术、物联网计算与服务、物联网交互与控制。

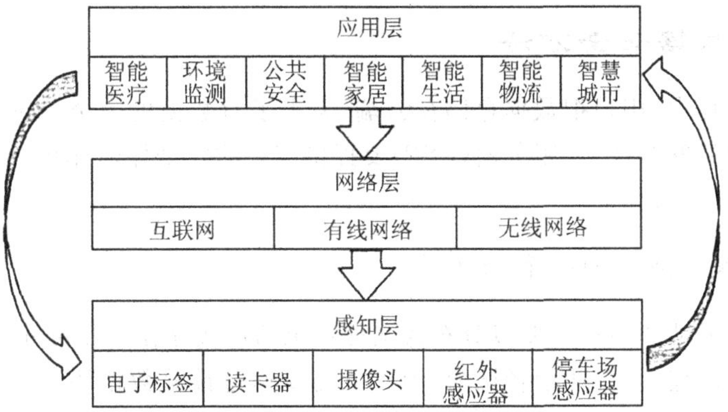

图 6-9　物联网结构层次架构

三、信息安全关键技术——云计算

(一)云计算安全架构

随着云计算的蓬勃发展,越来越多的企业和个人将他们的存储和计算需求付之于云端,因此云计算的安全问题变得越来越重要。最近几年,对云计算安全的研究主要集中在以下几方面:身份认证、数据安全、访问控制策略以及可信计算技术。把云计算与可信计算结合起来,建立"可信云计算"被公认为是未来云计算的重要发展方向。云计算安全架构分为四个层次(图 6-10)。云基础设施层位于最下层其上依次为安全云操作系统、安全服务接口和安全应用程序。安全云操作系统包括两个服务层:一个是安全基础核心服务,另一个是安全应用支撑服务,它们是该安全框架的核心。

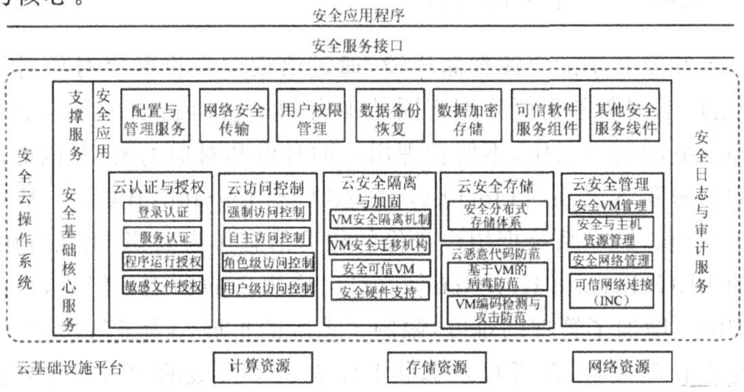

图 6-10　云计算安全架构

(二)数据安全方法

在云计算中,用户把数据存储在云端,失去了对数据的完全控制能力,为了保障自己数据的安全性,云服务商(CSP)要提供有效的安全保障体系,以保障数据的完整性和可恢复性。

1.数据安全新问题和新方法

存储在云端的数据主要以分布式文件系统的形式存在。在对分布式文件系统纠删码进行研究后,一些学者认为,用户首先要通过计算数据块的验证令牌,服务器接收到用户的验证后,会生成指定块的"签名"并返回给用户。用户通过比较预计算的验证令牌和签名来判断数据是否正确,用户端和服务器端使用的通用散列函数具有同态保持的属性,这种方法使得存储数据的正确性得以保证,还能定位存储数据的错误,同时使数据的添加、更新和删除等动态操作得以实现。

2.身份认证及访问控制策略

云端数据的存储和使用方式是多种多样的,其中有一部分具有"拥有者写使用者读"的特性。一些学者针对这种特性的数据,提出了一种有针对性的方法,即访问控制方法,每一个数据块都用不同的对称密钥进行加密,采用密钥方法。密钥导出的基本思想是通过一个层次型结构生成数据块加密密钥,层次中的每个密钥能够通过结合其父节点和一些公有信息使用单向函数导出,这种结构类似于 Merkle Hash Tree。

3.虚拟机安全和自动化管理

云是一个开放共享的资源存储环境,通过给用户提供数字身份对用户进行标识,同一个用户不同服务需要管理不同的加密和签名信息。在由若干个私有云和公有云共同组成的混合云中,不便管理用户的身份和对应的密钥,因此出现了一种基于身份的加密和签名系统(Identity-Based Cryptograph,IBC——基于标识的密码),方便了管理。这一系统把用户身份的相关信息作为公钥,由结合用户身份的、公开可信的 PKG(Private Key Generator)生成用户的私钥。但是,这使得大量密钥集中在 PKG,增加了管理的难度,限制了系统的扩展。为了解决这一问题,又出现了联邦身份管理机制,在所有云基础上建立一个权威的 PKG,其下子域的每个云也都有自己的 PKG,子域中的用于和服务器的身份密钥由本域的 PKG 进行管理，子域云的ID由权威的PKG分配，这样就形成了三层HIBC(Hierarchia Identity-Based Cryptograph)，如图6-11所示。在这种结构使云中密钥的分配和相互认证得到简化，并且缓解了PKG的密钥托管问题，只有本地PKG知道用户密钥。

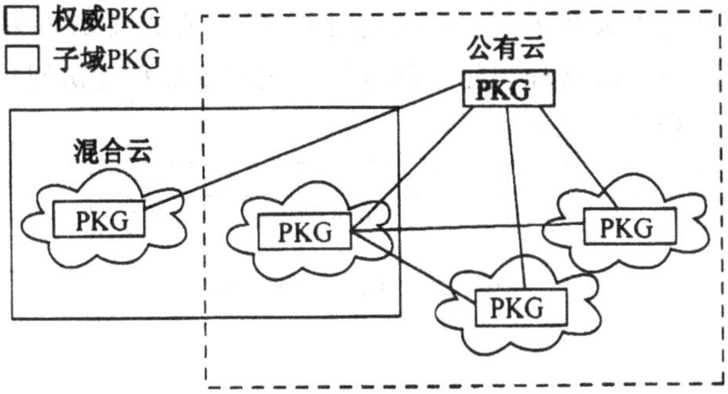

图6-11　层次型基于身份的密码系统

4. 新的安全问题

从本质上来看，云计算是一个分布式的系统，因此各个节点和各个服务之间的访问控制策略的理解能力也成为云计算安全领域研究的重要问题，Web服务中的WS-Security等规范和语义Web技术为异质的语义互操作提供解决方案，有学者提出了一个新的语义访问控制策略语言(Semantic Access Control Policy Language，SACPL)，以面向访问控制的本体系统(Access Control Oriented Ontology System，ACOOS)作为SACPL的语义基础，可以有效解决分布式访问控制策略之间的互操作问题，语义Web的研究范围得到拓展，为云服务之间的认证提供了一个语言描述环境。

在访问控制策略方面，一些学者基于数据属性对访问控制策略进行定义的增强，其理论基础包括密钥策略(Key-Policy Attribute-Based Encryption，KP—ABE)，代理重加密(Proxy Re-Encryption，PRE)和惰性重加密(Lazy Re-Encryption，LRE)三个方面。KPABE是一个一对多的公钥加密通信机制，它利用了双线性映射和离散对数问题，这个机制允许多个数据使用者和单个数据使用者进行安全数据分发；PRE是一种加密机制，其中的半信任代理能够将Alice公钥加密的密文转换成另一份密文，实现了Bob不用查看原始明文就能解密密文(图6-12)。除此之外，一些学者采用一个属性集将各个数据文件关联起来，给每个用户制定一个定义在这些属性集上的访问结构。用KPABE管理数据拥有者和数据使用者之间的信息交换密钥，会大大增加数据拥有者的计算任务。在移除用户时，数据拥有者还要计算更新所有与移除用户相关联的文件的密钥。如果结合 PRE 的话，就可以将繁重的密钥计算人物交由云服务器进行，同时也不需要向云服务器揭示底层的文件内容，这种结构大大减少了用户端的计算任务，在保证数据安全的同时，降低了云服务器的计算负载，这种访问控制方法在实现了细粒度访问控制，也保证了可扩展性、数据安全和用户隐私。

图 6-12　PRE 基础结构

第七章 高层建筑的价值与设计

随着社会的发展，结构理论和技术也在不断发展，并且高层建筑的结构形式和表现形式都向着多样化发展。高层建筑在成为城市风景的同时恰当地融入城市空间，逐渐成为高层建筑设计的一个重要任务，并且这也是使高层建筑设计逐渐趋于完善所追求的一种理念。本章分别对高层建筑的城市美学价值、高层建筑结构体系以及高层建筑技术创新与发展展开详细而深入的探究。

第一节 高层建筑的城市美学价值

一、建筑美学与城市美学

建筑美学是一门研究建筑的美的学问，城市美学的意义也是如此。建筑的美多是指建筑形式的美，当然不能孤立地看待形式，它必然和内容联系，又必然和功能、经济、技术等内容相关。这种理念对于城市美来说是非常重要的。一个城市不能因形式好看而产生各种不合理。但建筑美学和城市美学毕竟有本质的区别。当我们讨论城市时，那些方块已经被圆所取代。对于城市形象美的研究，就是研究这个“圆”的美，而非那些小方块的美。

城市的美是有结构的，其美的“元素”就是建筑；建筑和城市的其他对象物形成建筑群，然后由此形成街道或区域，并在此基础上加上其他对象物，最后城市就形成了。城市和村镇不同，这种区别不单单在于规模的大小与边界的清楚，而更在于这种结构关系。一旦这种结构在量上超过“元素”之和时，就成为城市。这些“元素”原本只是城市中的一个“点”或一个符号（没有面积的概念），并通过这种形式参与到城市美的讨论中。

以上提到的只是城市美学对象物的界定。若从结构主义理论来看，“关系重于关系项”是分析事物及其美的准则。对城市而言，“关系项”即各个建筑物与城市的其他物体，这里所说的关系就是这许多对象物间的相互关系。不管是建筑与建筑，还是建筑与广场、道路、绿化及其他东西，均有种种的关系，比如在体量、数量、距离、质地、颜色、方位及诸功能上的关系。对于城市的这种关系，其美显然不单是形式上的，而更多的是内容上的。例如，市区的商业中心的许多店铺是集中好还是分散好？某些实例可以说明这一问题，城市中有麦当劳的地方，附近总会有肯德基；又如上海的打浦桥有大大小小的 20 多家饮食店，这些就是“关系”。这些店铺喜欢在一起不是为了凑热闹，而是为了竞争。

德国学者哈肯于 20 世纪中叶研究出一个理论——协同论。他研究的是远离平衡状态的开放系统在和外界保持联系的情况下，自发产生的有序结构与功能行为。此种系统内部必然具有一些子系统，这些子系统间的组织关系属于有组织的关系，即这种关系无须外力进行组织。这种系统理论，或许对建筑和城市的研究很有价值。一个建筑群，从其存在、功能到文化表述，再到它的美，其实都是一种自组织协同关系。一个广场周围的建筑及由这些建筑形成的广场(系统)也是如此。甚至一个建筑单体也能看作一个系统，其内部的各部分为子系统，从而产生自组织协同关系。“自组织”就是“活的”，现当代建筑的着眼点早已不再是形式上单一的和谐，而是对内部各子系统间协同关系的寻求。

城市作为一个系统，其诸建筑群即为其中的子系统。它们之间必然会有一个场(field)产生。对于这种系统的协同效应，其首要特征就在于“自组织”。通常来讲，自组织系统在开始形成时有一个核心。开始的组织形式会对自组织系统发展成什么样的组织起到决定作用。但该核心并非其中的任何一个子系统，而是场。广场是建筑最典型的表述形式，由其周围的建筑等子系统形成，广场是空的，但这个“空的”广场却是始发的系统中心。如今，现代的许多广场往往并不突出其中任何一座建筑，而突出的是广场。墨西哥城的三种文化广场(图 7-1)是由三组建筑子系统(古代印第安人居住的遗址、西班牙殖民统治时期所建的教堂，现代住宅建筑)构成的。这些建筑虽有三种不同形态，却在广场(核心)的总系统下协调一致。任何一种外来的力量都不能使这些子系统协调，这是它们由自已的开放系统完成的。说它是开放的，是因为在该广场上可不断插入任何形式的子系统，也不会破坏这个“场”的结构与形态。

图 7-1　墨西哥三种文化广场

这种自组织也是功能的。德国学者哈肯曾经举了这样的例子：在一个城镇，或一个城市中的一条街道。假设该街道上开设有两个饭馆。他们都想吸引更多的顾客来获取更多的利润。于是，好像将街道分成两半是最好的办法，在其中间开设饭馆。但是，实际上可能会出现以下情况：一家饭馆已开设了，而另一家却想将饭馆开设在整条街的最中间。假定饭馆能自由挪动，假设饭馆 A 先挪动到了靠近中间的位置，而这时饭馆 B 看到 A 在这个有利的位置招徕了更多的顾客，它也就挪向中间的位置。结果，最终两家饭馆靠在一起，只是中间直线隔一道墙。这时，它们的竞争更激烈了。并且，这时住在街道两头的顾客因嫌路太远，遇到雨天或累了等原因就不来了。因此，两个饭馆又都失去了很多顾客。可见，饭馆的老板想错了，他们不该搬到中间而应搬到街道的两头去。但当我们在德国吃饭时会发现，走了很长时间还没见到一个饭馆，一旦发现一个，同时也会看到在其周围有很多饭馆。因此，人们不禁疑惑这些老板是聪明还是笨？这个问题，其实在很大程度上依赖的是交通的发达程度。若是交通困难，人们行走不便，则分开设在街道两头的布局是有利的；但如果交通很方便，则靠在一起的布局就比较好。因为紧靠在一起时，老板们为得到更好的经济利益，就会产生竞争。他们开设的饭馆各具特色，并以此来维持他们各自的生存。

二、高层建筑的城市美学价值表现

(一)高层建筑的城市空间美学价值

1.城市的多维空间之美

高层建筑使得城市向垂直空间发展,城市空间在高度上就此形成了“三节头式”的功能分区。地下停车场、城市管网、设备空间、贮备间、地下快速交通以及地下人防工程网络等共同构成了城市地下空间系统;超市、银行、市场等城市商业网络在城市近地空间系统分布;而居住、办公、景观功能“静”区则在城市高空中分布。由于高层建筑带动地下空间开发以及城市空间向高空发展,使城市地面街道层成了一个具有活力的社会生活空间场所,为城市提供商业贸易、社会交往、车辆交通、步行活动的城市空间与环境。

2.紧凑城市和人性化空间

高层建筑的城市空间立体化使城市与街道底部空间得到了解放,立体交通缓解了城市街道的交通压力,为形成愉快、方便的步行街以及人性化环境提供了条件,并使建筑与城市空间在街道景观、城市交通、环境特征等方面建立了密切、多层次的联系,打破了以平面延展相聚集的建筑群体空间组织原则,不同功能空间在垂直方向进行拼合。对于高层建筑而言,其自身功能高度综合化,并通过融入高层城市空间结构体系,在提高城市空间效用的同时为市区生活注入了活力,并致使城市建筑密度降低,出现分散化集中倾向,城市景观与生态环保效益因此加强。

3.城市景观空间扩展

高层建筑的城市美学价值还体现在其引发的城市景观多元化与立体化,对传统城市空间景观的平庸进行了彻底改观,并拓展了城市空间景观及其内涵,使城市因此呈现出包括多层房屋、高层建筑、桥梁、高架路、大片绿地等的丰富面貌,形成了不同景观层次。城市剪影被高层建筑的上部轮廓线丰富并点缀了。

(二)高层建筑的城市形象美学价值

1.标志性美学价值

高层建筑的独创性和艺术性体现在其标志性上。若是从信息论角度来看,高层建筑的标志性是缘自富有层次结构的信息创新及市民对建筑创新信息的可接受性的辩证统一。高层建筑的高度和体量巨大，因而比其他类型建筑更具心理震撼力，其往往会成为城市空间的标识以及人们的记忆、定位坐标。

2. 城市可识别性的美学价值

城市可识别性由城市空间物质形态与空间文化形态的可识别性组成。前者是后者的物质载体，并将形而上的城市文化内质隐含其中，是一种深层次的城市文化层面的内容。对于城市建筑，尤其是高层建筑，它们将可识别性的美学价值赋予城市空间。

3. 天际线和景观美学价值

城市天际线是由错落有致、高低起伏的建筑和高层建筑群、城市空间和自然地理一同构筑而形成的城市群体建筑空间轮廓，并通过和天空的图底关系相衬托而形成城市空间外轮廓线的剪影。

第二节　高层建筑结构体系

结构体系是指结构抵抗外部作用的构件组成方式。由于抵抗水平力是高层建筑设计的主要矛盾，因此结构设计的关键问题在于抗侧力结构体系的确定和设计。在高层建筑结构中，传统的抗侧力体系主要有框架、剪力墙和框架—剪力墙结构体系，而最新发展起来的抗侧力体系主要有框架—筒体结构、框筒结构、筒中筒结构等筒体结构体系，这些体系能实现充分利用结构空间的作用。

一、框架结构体系

如图 7-2 所示，框架结构是指由梁和柱以钢筋相连接而成，它同时承受竖向荷载和水平荷载。房屋墙体不承重，只起维护和隔断作用。框架结构体系的优点：强度高、自重轻、整体性和抗震性好；布置灵活、富于变化；在一定高度范围内造价低等。框架结构体系的缺点：属柔性结构框架，结构侧向刚度较小，在地震作用下，结构所产生水平位移较大，非结构性破坏严重；施工受季节、环境影响较大等。因此，在高层建筑中采用框架结构时，要按照标准严格控制层数和高度，以免因梁、柱截面尺寸过大，造成建筑设计在技术、经济方面的不合理。

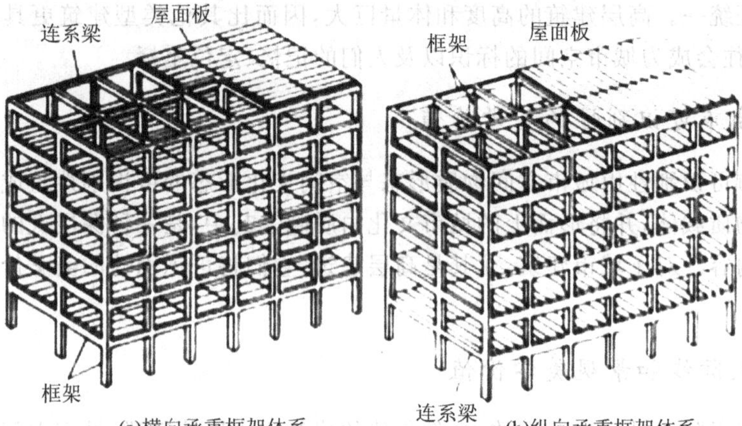

(a)横向承重框架体系　(b)纵向承重框架体系

图 7-2　框架结构

根据我国《高层建筑混凝土结构技术规程》(JGJ3—2010)、《高层民用建筑钢结构技术规程》(JGJ 99—1998)关于各类钢筋混凝土机构体系、钢结构体系房屋适用的最大高度的规定，这里进行了归纳(表 7-1)。

表 7-1　高层建筑的最大适用高度(非抗震设计)

结构类型	结构体系	高度	结构类型	结构体系		高度
钢结构	框架	110	钢筋混凝土结构	框架		
	框架-支撑（剪力墙板）	260		框架-剪力墙		
				剪力墙	全部落地剪力墙	150
					部分框支剪力墙	130
				筒体	框架-核心筒	160
					筒中筒	200
	各类墙体	360		板柱-剪力墙		70
有混凝土剪力墙的钢结构	钢框架-混凝土剪力墙 钢框架-混凝土核心筒	220	型钢混凝土结构	框架		110
				框架-剪力墙		180
	钢框筒-混凝土芯筒	220		各类筒体		200

根据不同需要，框架结构体系可以有三种不同的布置方案：

（一）横向主框架承重

横向主框架承重在横向上设置主梁，在纵向上设置连系梁所形成的整体框架，如图7-2(a)所示。由于纵向框架仅承受少部分竖向荷载和纵向水平作用，而横向主框架则要承受大部分竖向荷载和横向水平作用，因而常利用较大截面的横梁增加框架的横向主框架的承重力。

（二）纵向主框架承重

纵向主框架承重是在纵向上布置框架主梁，在横向布置连系梁所形成的整体框架，如图7-2(b)所示。由于大部分竖向荷载主要是沿纵向传递，而横向框架仅承受少部分竖向结构自重和横向水平作用，因此为了有效地利用楼层净高，可以采用较小截面尺寸的横向连系梁。这种布置方案因横向刚度较差，在民用建筑中一般较少采用，故比较适用于某些工业厂房。

（三）纵横向框架混合承重

纵横向框架混合承重指的是在纵横向均布置主梁，由纵、横向框架共同承担竖向荷载与水平作用。这种结构常应用于以下几种情况：采用大柱网；柱网平面尺寸接近正方形；楼面有较大的荷载。

根据施工方法的不同，钢筋混凝土框架结构可分为三种：①现浇整体式框架。这种框架全部构件均在现场现浇成整体，具有整体性和抗震性好、节省钢材等优点，而缺点主要是模板消耗多、现场工作量大、施工周期长等。②预制框架。这种框架构件采取预制安装，现场施工的工作量少且质量有保证，但是整体性较差，用钢量也普遍偏高。③装配整体式框架。这种框架构件可以预制，在现场只需通过局部现浇混凝土将构件连接成整体框架即可，它具备了前两种框架的优点，适用于地震区的建筑。

二、剪力墙结构

如图7-3所示，剪力墙结构是指纵横向的主要承重结构全部为结构墙的结构，它是由与基础嵌固的一系列纵横向钢筋混凝土墙及楼板组成，这种结构在高层房屋中被大量运用。在多层抗震结构中，剪力墙也被称为抗震墙。

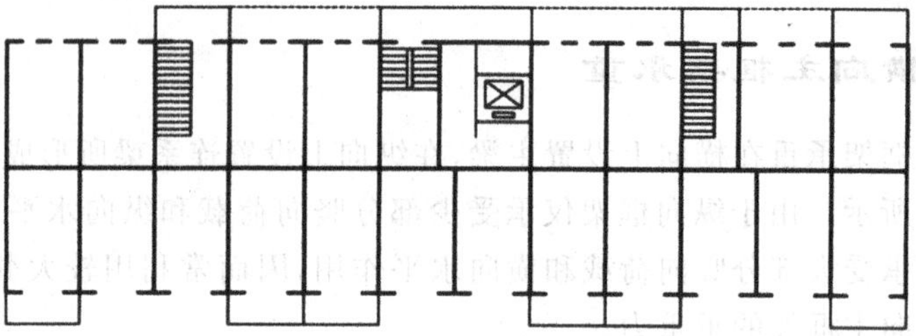

图 7-3　剪力墙结构平面布置图

在剪力墙结构中，墙体的长度一般较长，使得剪力墙结构纵横向抗侧移刚度大。由于这种结构具有较强的抗震、抗风性能，因而比较容易满足建筑在承载力方面的要求，在层数较多的高层建筑中应用广泛。

墙体的高度一般与整个房屋的高度相等，即贯通房屋全高，为了避免沿竖向刚度发生突变，因而会沿高度方向连续布置。其中，有一些建筑对底部空间要求较大，此时上部剪力墙不能落地，以满足建筑的功能要求。在设计过程中，比较常用的方法是把上部的墙支撑在一个转换构件上(如厚板、梁等)，即将转换构件作为上部墙体的基础，而转换层的下部则为框架。这种方法被称为转换层做法，利用这种方法形成的结构称为框支剪力墙，如图 7-4 所示。由于框支剪力墙的抗侧移刚度发生了较大的突变，导致薄弱层的出现，进而影响了结构的抗震能力，因此，抗震设防时不应采用全部为框支剪力墙的结构。框支剪力墙的各种形式如图 7-5 所示。

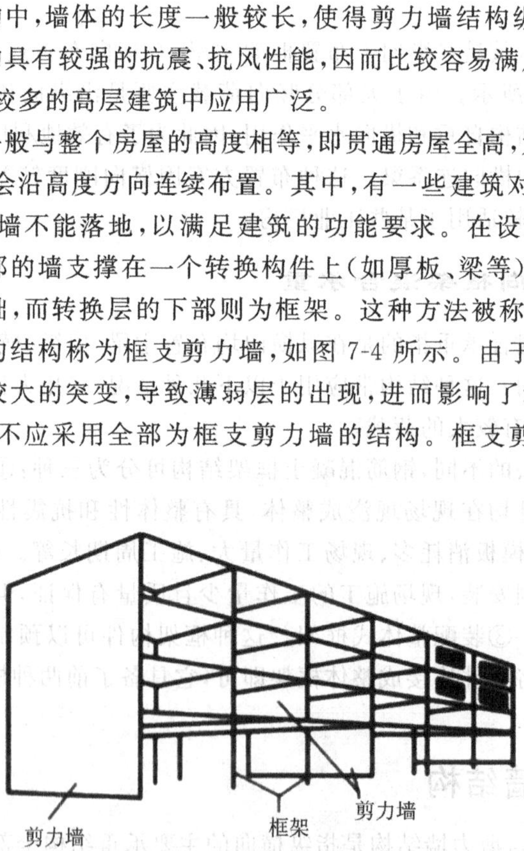

图 7-4　框支剪力墙结构

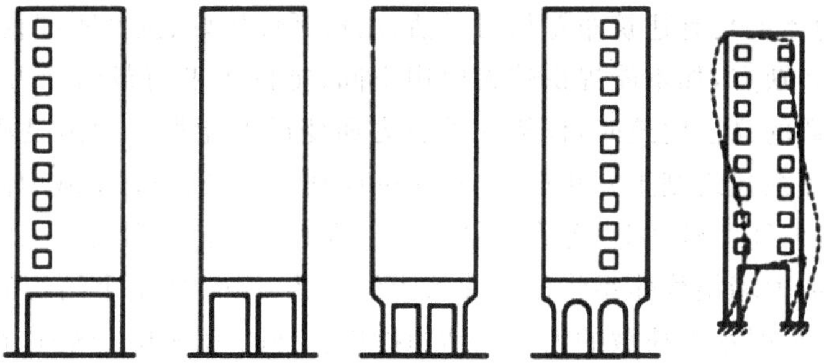

图 7-5 框支剪力墙形式

通过对地震作用的研究和分析发现，结构刚度与结构地震作用呈正相关联系，即结构刚度越大，结构地震作用也越大。同时，剪力墙结构刚度越大，会增加墙体的长度以及材料的使用量，并且房屋的自重也会增大。

近年来，短肢剪力墙结构因其造价低、自重轻等优势在高层建筑中被广泛采用。这种结构指的是在剪力墙结构中布置一些长度较短的剪力墙，墙截面的厚度不大于 300mm，各墙肢截面高度与厚度之比的最大值大于 4 且不大于 8。与普通剪力墙相比，短肢剪力墙的受力性能较弱，并且这种结构作为一种新型的结构形式经历地震等实际检验的时间较短，因此，在抗震设防地区的高层建筑中，应采用在短肢剪力墙中布置筒体或一般墙体，形成短肢剪力墙与筒体（或一般墙体）共同抵抗水平力或水平作用的剪力墙结构。当抗震设防烈度达到较高程度时（例如 9 度），不宜采用较多短肢剪力墙结构。

剪力墙结构的优点：第一，结构的抗震能力强，房屋安全系数较高；第二，抗侧移刚度大、可以承受较大的水平荷载；第三，承重结构为片状的钢筋混凝土墙体，比框架结构更适合用于住宅。

剪力墙结构的缺点：一是自重大且混凝土用量较多，不利于房屋的拆改；二是受水平构件布置的限制，墙体之间的距离不能过大，因而不能满足大空间房屋的要求。

剪力墙结构适用于房间面积不大的房屋，如公寓、住宅、旅馆等；部分框支的剪力墙结构则适用于大空间面积的房屋，如底层需要布置餐厅、门厅、商店的建筑。

三、框架—剪力墙结构体系

所谓框架—剪力墙结构体系，指的是在框架结构中的合适部位通过增设一定数量的钢筋混凝土剪力墙，以形成框架和剪力墙共同承重的结构体系。一般情况下，框架结构体系具有建筑布置相对灵活、结构延性较好、抗推刚度较小等优点，但是也存在一些缺点，如不能提供较大使用空间、抵抗水平荷载的能力较低，并且在用于较多层数的高层建筑时，框架的承载力和变形不能很好地满足功能要求。而剪力墙结构体系建筑则正好相反，它具有抗推刚度大，抗侧力承载力高的特点。此外，在承重墙体间距较密时，剪力墙结构会出现布置不灵活状况。

框架—剪力墙结构体系将框架和剪力墙融为一体，使整个结构的抗侧刚度适当，并且还能根据水平荷载的大小为结构提供合理的承载力。同时，在剪力墙的布置过程中，还要结合建筑功能分区统一考虑使用空间的具体要求。与框架结构体系相比，框架—剪力墙结构体系能用于层数更多的高层建筑。在比较低的建筑物中采用剪力墙结构时，构造对墙厚及其配筋起着决定性的作用；而采用框架-剪力墙结构时，具有节省材料的优点。因此，从经济的角度来看，在高层建筑中适宜采用框架—剪力墙结构体系。

在我国，框架—剪力墙结构常用于10～20层的旅馆、办公楼、医院和科研教学楼等建筑，有时也会应用于20层以上的建筑，如上海宾馆(29层)。在西欧，高层建筑采用框架—剪力墙结构的情况也较为普遍。根据国内的实践经验，在非地震设防地区可达130m左右，抗震设防烈度为7度时可到120m左右，为8度时可到90m左右。

剪力墙的数量、位置问题是框架-剪力墙结构布置的主要考虑因素。在框架—剪力墙结构中，需要框架和剪力墙共同承受水平力，而竖向荷载作用下的内力分析问题是比较简单的。通常情况下，剪力墙在承担大部分剪力的同时还会对结构的刚度产生重要且显著的影响；而框架则主要承受相应范围内的竖向荷载。

通过保证楼盖结构在其自身平面内的刚度，可以有效实现框架与剪力墙共同承受侧向荷载作用的目的。在侧向力的作用下，各框架和剪力墙会出现不同的侧向位移，这时就可以将楼盖看作是支承相邻两片剪力墙上的水平放置的深梁。同时，还要对楼盖这根水平深梁的挠度有所限制，以保证框架与剪力墙能够在侧向力的作用下提高空间协同工作的性能。由此可见，在框架-剪力墙结构中剪力墙的最大间距应满足表7-2的要求。

表7-2 框架—剪力墙结构中剪力墙的最大间距

楼盖形式	无抗震要求时	6度、7度	8度	9度
现浇板、组合梁板	$5B$,60m	$4B$,50m	$3B$,40m	$2B$,30m
装配整体式楼盖	$3.5B$,50m	$3B$,40m	$2.5B$,30m	不宜采用

注：B为楼盖的宽度。

此外，剪力墙的布置还应遵循以下原则：

(1)在房屋中，水平荷载可能存在于任何反向，因而在布置剪力墙时，要在纵横两个方向都均匀对称地布置，以提高结构的抗扭能力。

(2)剪力墙在平面布置上应力求均匀、对称。纵向剪力墙应布置在端部附近；横向剪力墙则适宜布置在靠近结构区段的两端或者是刚度发生变化的地方，如楼电梯间以及恒载较大的地方(图 7-6)。

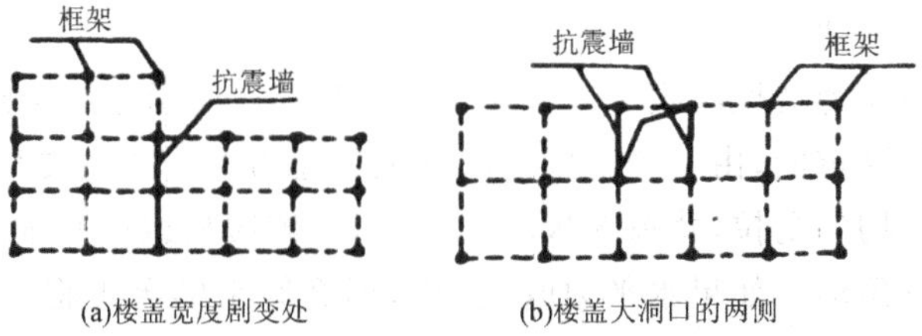

图 7-6 楼盖刚度变化处设置剪力墙

(3)剪力墙在布置时，要保证竖向布置能够贯通于整个房屋的全高，如果底层所需空间较大且部分剪力墙不能伸至底层时，为了避免房屋刚度发生突变，就需要采取补强措施。

(4)为了取得较大的纵横向抗侧刚度，纵、横剪力墙最好能连成一体(图 7-7)。

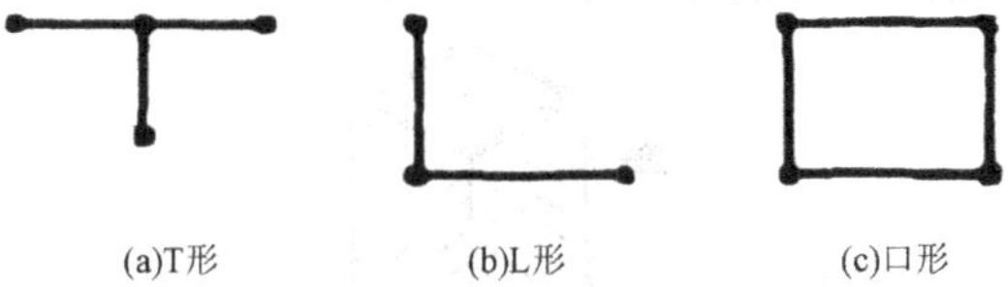

图 7-7 纵横剪力墙的合理布置

(5)剪力墙的中心线与框架梁柱中心线重合在一条线上，在任何情况下，剪力墙与框架中线的偏离距离应不大于柱子宽度的 1/4。

(6)同一轴线上两片纵向剪力墙的间距不宜过大。由于墙体平面内的刚度较大，因而会对被约束框架的自由伸缩与变形产生较强的限制作用。当两片剪力墙之间的框架区段变长时，被约束的温度变形量也会变大，并且产生不利的影响；当两片剪力墙虽然在同一条轴线但距离较远时，要注意温度变化及混凝土收缩对该剪力墙内力的影响。

四、筒体结构体系

随着房屋层数的增加和高层建筑的发展，需要更强大的抗侧力结构来承担巨大的横向力，并且还要尽可能地减少建筑结构的变形。例如，烟囱就是一个筒体，这是筒体的基本概念。美国 S.O.M 事务所的法齐卢·坎恩是最早将筒体结构概念应用于高层建筑结构设计计算中的设计师。所谓筒体结构，指的是将房屋的外墙或内电梯井墙设计成一个空心筒，即一个封闭的自下而上的连续的筒体结构，这个筒固定在基础上成为一个悬臂的筒体而具有很大的刚度。筒体结构的主要代表性建筑有芝加哥西尔斯大厦、纽约世界贸易中心大厦。其中，芝加哥西尔斯大厦是目前世界上最高的建筑。

筒体结构的受力特性决定了其经济性。如图 7-8 所示是一个理想的空心实腹筒体。其下端是固定的，由一个薄壁封闭截面的悬臂梁作为主要构件，应力呈线性分布。迎风翼板均匀受拉，背风翼板均匀受压，二侧腹板以中心轴应力为分界点成受拉受压两个三角形。如果水平力改变 90°，那么原来的翼板将变为腹板，进而使结构材料的强度得到有效的发挥。但是需要注意的是，上述情况只是一种理想情况，在实际当中因结构构件的变形会导致翼板应力传递存在一定的滞后，因此，并不是简单地符合平面假定，在四角还应有力的集中出现。

总的来说，筒体结构的优势，如横向刚度大、用料经济等使其对空间进行了充分利用，并且成为最适合高层建筑的一种结构体系。目前，根据组合方式的不同，可以将高层建筑应用的筒体结构分为四种类型。

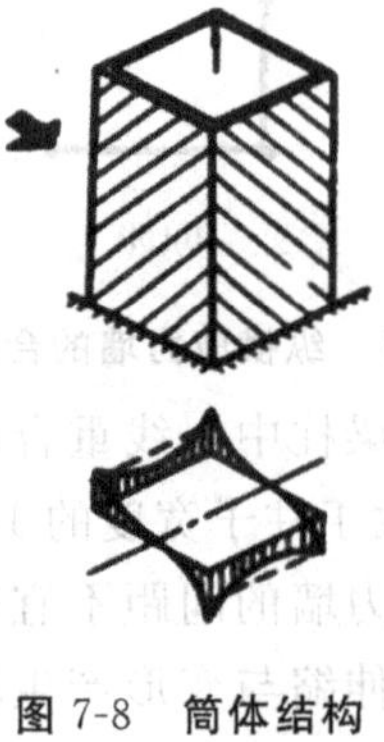

图 7-8　筒体结构

（一）空心筒体

空心筒体结构指的是由一个或几个内部无竖向支撑的单个筒体构成高耸空间抗侧力及承重结构的高层建筑，但是在房屋建筑中，由于完全封闭的筒是没有意义的，因而为了满足建筑功能的需要就必须在作为外墙的筒壁上开门窗孔洞。另外，根据开洞的形式不同，可以将空心筒体分为框架筒体和桁架筒体。

1. 框筒结构

框筒结构是指外墙上开门窗洞以后，墙面形成密柱与深梁，在外形上成为正交的网格结构。这种形式与平面框架类似，在实际应用中比较常见。美国芝加哥1963年建造的43层特威脱·切斯纳特公寓就是这一架构的代表性建筑，柱距1.7m，梁高0.6m，平面如图7-9所示。

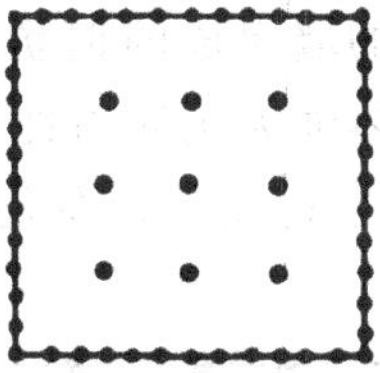

图7-9　框筒结构

2. 桁架筒体

由于框筒在通过梁传递剪力的过程中会使框筒的应力滞后加剧，导致筒体的作用不能很好发挥，因而为了更好地解决这一问题，就需要在高层建筑的外墙筒壁上增设斜杆，以形成桁架形式。美国芝加哥汉考克大楼就是这一结构形式的代表性建筑，其立面如图7-10所示。

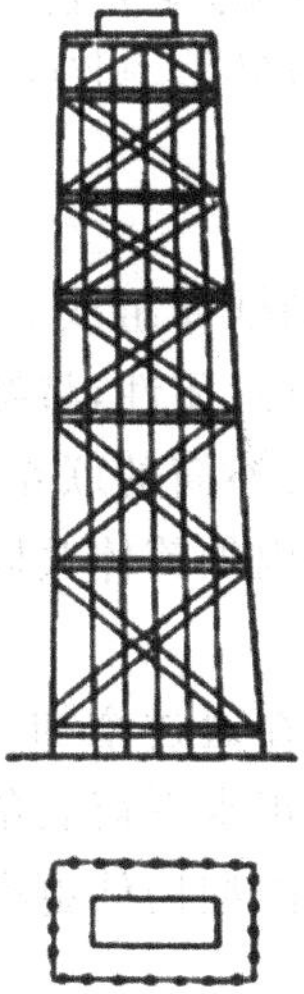

图7-10　桁架筒体(汉考克大楼)

（二）框筒结构

筒体结构抗侧能力和刚度较强的特点使得筒体建筑的平面必须接近正方形或者是圆形，只有这样才能更好地发挥筒体效应，因此，在实际的设计过程中要结合框架结构的灵性与筒体的良好力学性能。在筒体受水平力、框架受垂直力作用的条件下，出现了一种新的建筑结构——框筒结构。例如，上海的静安希尔顿宾馆就是以楼梯间、电梯井和垂直铜带的墙组成的钢筋混凝土筒体。为了既达到客房设计在空间上的灵活性，又保持筒体强大抗侧力性能，其客房采用了钢结构框架（图7-11），让筒体承受全部的水平力。这类结构在我国100m以上的高层建筑中约占1/3以上。

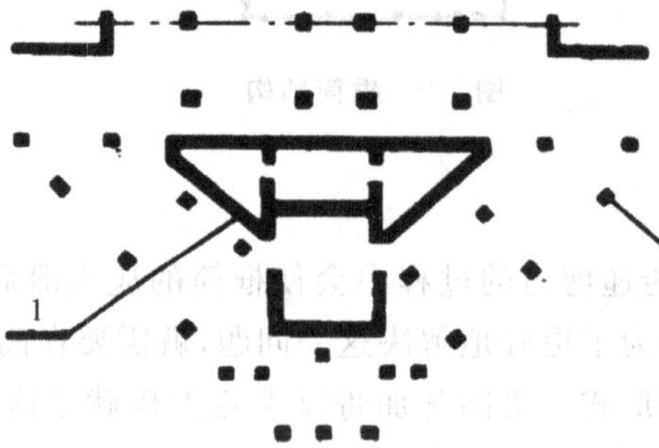

图7-11　上海静安希尔顿宾馆的结构平面

1—钢筋混凝土筒体；2—钢框架

（三）筒中筒结构

筒中筒结构是由核心筒与外围框筒组成的高层建筑结构，这种结构体系一般是利用建筑中心部分服务竖井的可封闭性，将结构核心部分做成密排柱框架内筒，同时还要通过各层楼面梁板建立与外筒的联系，以形成一个空间筒状骨架共同受力。另外，由于筒中筒结构体系的内外筒体共同承受侧向力，因而能够承受很大的侧向力。

与框筒体系相比，筒中筒体系在通过增加一个内筒提高结构的总抗推刚度的同时，也减少了剪力滞后效应。在正水平荷载条件下，内框筒的剪切变形与整体弯曲明显小于外框筒，而内框筒与弯曲型构件更类似，所以结构下部各层的层间会随着框筒的设置而减少。

此外，为了加强内外筒之间的连接，在顶层以及每隔若干层需要沿着内框筒的四个面设置伸臂桁架。这样能够将外框筒翼缘框架柱的作用尽可能发挥到最大，在消除外框筒剪力滞后效应所带来的不利影响的同时，使整个结构的整体受弯能力得到进一步的提高。

筒中筒结构体系的代表性建筑有纽约世界贸易中心、上海国际贸易中心大楼和北京中央彩色电视中心。其中，上海国际贸易中心大楼高 140m，面积为 $90000m^2$。如图 7-2 所示，是上海国际贸易中心大楼标准楼层的平面图。从中可以看出，内外筒的间距为 3.2m。同时，地下室采用的是型钢混凝土结构，地上采用的全钢结构。

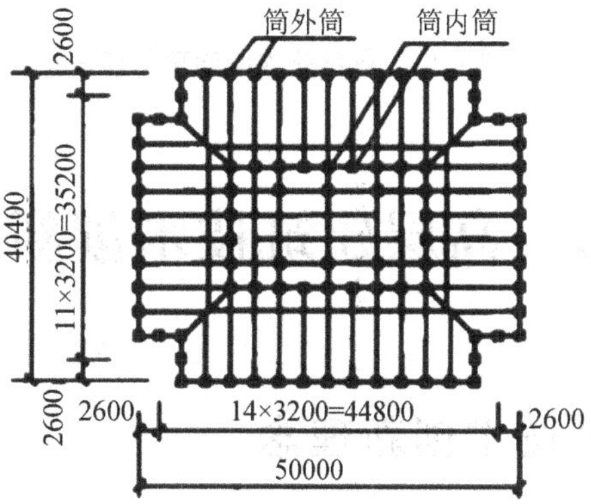

图 7-12　上海国际贸易中心大楼

（四）束筒结构

即组合筒结构，是几个筒体并列组合在一起所形成的结构。束筒结构既能适应不同高度的体型组合的需要，又能丰富建筑的外观。

采用束筒结构体系的建筑中，最具代表性的是美国芝加哥的西尔斯大厦。其底部尺寸为 68.6m×68.6m，整体建筑的高宽比为 6∶6。在房屋内部，通过沿纵向和横向各设置两道密排柱框架，将一个大框筒分为 9 个子框筒（框筒单元）[图 7-13(a)]，每个子框筒的截面尺寸为 22.9m×22.9m。到第 51 层时，减去对角线的两个框筒单元，到第 66 层时，再减去另一对角线上的两个框筒单元，到第 91 层以上时，则仅保留两个框筒单元。

通过计算可以发现，西尔斯大厦采用束筒结构体系，使剪力滞后效应降低到了很小的数值[图 7-13(b)]，并且进一步提高了结构的整体性。塔楼的基本周期为 7.8s，短于原世界贸易中心大楼（高 412m）的基本周期（10s）。

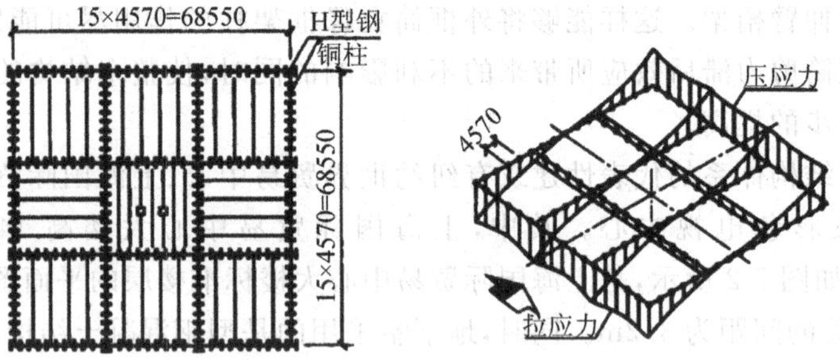

(a)结构平面　　(b)风荷载下框筒柱的轴力分布曲线

图 7-13　西尔斯大厦的束筒体系

第三节　高层建筑技术创新与发展

一、高层建筑技术创新理念

（一）坚持高新技术的科学创新

当今世界的高新技术革命，不仅只涉及科学技术本身，而且还从生产、生活方式方面对人类产生了巨大的影响。

高层建筑既是一种比较特殊的建筑类型，又是高新技术的最佳代言之一。早期的高层建筑在表现新技术时，主张使用最新材料，如利用硬铝、高强钢以及各种化学制品快速、灵活地完成结构与房屋的装配、改建和拆卸，这些新型材料还能使建筑物具备体量轻、用料少等优点。在设计上，高层建筑注重系统设计和参数设计，并且主张从美学的角度表现新技术，将高科技的结构、材料、设备转化为表现其自身的手段。这样虽然能够表现独特的技术美感，但是从情感上给人一种冰冷机械之感。所以，近年来的高层建筑在表现技术方面发生了蜕变和转变。

(1)从工业技术向信息技术转化。在信息社会中，高新技术逐渐转为“不可视化”，这会对建筑产生直接的影响，即从建筑的内在中枢开始改变，而不仅仅是空间造型、功能组织关系的变化。在建筑创作中，人们正有意识地将技术作为一种建筑表现手段，对材料性能、结构和构造技术的发挥十分注重，并通过将技术升华为艺术，使之成为一种富于时代感的造型表现手段。

(2)强调场所性的塑造。自高层建筑出现以来，它便成为城市中的一种独特的新景观，并具有强烈的自我表现力。目前，当代高层建筑寻求情感表现的一个重要方面就是为人类创造一种有活力的场所。同时，还要注重建筑与环境之间整体关系的和谐统一，从“城市中的表演”转变为“为城市而存在”。

(3)强调地域性的创造。高层建筑的“地域性”，主要表现为对当地历史文化和地域文脉的尊重。通过高技术语义的表达，高技术建筑不仅可以体现当地的历史文脉，而且还能在挖掘地域技术的条件下创造新型的建筑，这也是高技术建筑新形式的来源。

(4)高技术的隐喻主义与象征主义。在当代高层建筑设计中，设计师追求对建筑“言外之意”的表述，注重与人的思想精神的交流来弱化高技术手法的排斥性，使人们通过联想形成对高技术建筑情感化的塑造。

总而言之，社会的变迁、技术更新都不会改变高层建筑作为新技术代言人这一点。高层建筑始终为人们展现了建筑界最新技术成就的内容。毋庸置疑，建筑师也将会一如既往地坚持高新技术的科学创新，为高层建筑设计发展提供动力。

(二)倡导生态技术的优化创新

21 世纪是生态文明的时代，但是也面临着生存环境恶化的事实。基于此，高层建筑设计师不断创造新的经验，为解决生存环境需要、提高建筑空间效能、节约土地资源提供有效的手段和方法。未来的高层建筑设计应尽量把建筑对环境的负面影响减少至最低程度，通过生态设计方法为人们创造健康舒适的居所。其主要设计观念在于：

(1)对于高层建筑所面临的环境问题，可以利用生态学原理、设计方法来解决。

(2)将高层建筑根植于自然生态环境中，通过积极的技术措施对环境实现有效地利用、保护和修正。

(3)结合健康环境、优质高层建筑，完成环境空间美学的更新和发展，创造摩天楼艺术形式、风格的环境状态新构架。

马来西亚建筑师杨经文长期致力于高层建筑生物气候学的研究与实践，他认为通过在高层建筑中设置凹入过渡空间、空中绿园、屋顶遮阳隔片等方法可以达到生态环境与高层建筑相结合的目的。同时，也创造了新的高层建筑艺术形象。

在生态型高层建筑中，应保证室内、外界环境之间的一种敏感的关联性。结合室外环境的变化(如日照、温度、湿度、空气质量等)以及室内人员的流动与符合波动,建立实时反馈机制,以便能够对室内的各项物理指标进行及时监控。这实际上是一种自动控制方法。

地源热泵系统被誉为“21世纪最有效空调技术”,它与高层建筑相结合的过程中,可以对能源进行节约。在该系统中,建筑内部的制冷与取暖是通过将地层的热能提取出来,或者反之将建筑物中的热量释放到环境中去来实现的。由于可利用的冷热源深度不大于400m,因而高层建筑的地下空间与基础部分的有效结合能够发挥极大的利用价值。根据美国环保署(EPA)估计,地源热泵是非常环保的可再生资源。它比空气源热泵的排污量少40%;比电暖的排污量少70%以上。同时,地源热泵系统还可以节约30%～40%的空调运行费用,并且具有无噪音、运行稳定等优点。

(三)提高信息技术的综合创新

高层建筑是信息技术与建筑技术的统一体,它充分体现出智能化、信息化设计与运营的特点。精密的计算对于高层建筑与环境的适应有重要作用。通过对周边环境的分析,可以确定建筑朝向、基地位置以及平面布局等问题。信息媒体技术是对非物质性信息波的传递,其本质特征是数码性,并且具有跳跃性和超越时空性;网络技术有可能成为未来空间形态的主导力量,具有虚拟和无限蔓延的特点。

福斯特在伦敦设计的Great London Authority采用了独特的造型,即一个高50m的倾斜椭圆体。通过计算和验证发现,这种造型能尽量减少夏季阳光的直射以及冬季室内的热损失。经过计算得到的椭圆外型,比同体积的长方体表面减少了25%。

风环境对高层建筑具有非常明显的影响。为了减少建筑所受到的风压、节省结构材料,可以通过对空气动力学设计的合理使用来实现。同时,运用空气动力学设计原理,还能够有效改善高层建筑周围环境的气流状况。

目前,人们对于环境优化的要求越来越高,他们希望环境能根据需要进行自动化的调节和管理。作为一种新型建筑体系,智能建筑(Intelligent Buildings)将建筑技术与信息技术相结合,并形成了系统化的集成整体。第一,智能建筑应满足通信自动化、办公自动化等情报通信方面的要求;第二,智能建筑应具备空间计划舒适性的建筑环境系统;第三,智能建筑应实现大楼管理的自动化;第四,智能建筑要符合办公业务代理服务的要求。21世纪设计的主流将是信息智能化的高层建筑,并被广泛地应用于办公、旅馆、医院、住宅、公寓等建筑类型。

（四）关注仿生技术的探索创新

随着现代科学技术的发展，高层建筑开始出现并发展。在材料、结构体系和构造设计的支撑下，建筑得到了高度上的延伸，同时也对其发展产生一定的约束作用。常见的建筑体系会消耗大量的材料，对自然环境产生污染与干扰。

自然界是我们最好的老师，在大自然中人类可以找到解决问题和困惑的启发。生物体自我完善、高效低耗的组织结构，是任何人工产品都不能企及的。由于目前高层建筑的结构、系统以及运营都普遍从模仿生物行为的角度进行探索，因此越来越多的设计师开始关注仿生技术在高层建筑中的应用。

"'仿生'是未来人类开创更美好新世界的八大科技之一"，这是2002年9月号的美国《Business 2.0》杂志的预期。在科学技术不断发展的条件下，仿生已不仅仅是对生物外型的模仿，而更多的是利用科技实现生物化、技术化。

美国设计师崔悦君是"进化式建筑"的倡导者，他的构思极具想象力。例如，位于英国南海岸的"海上城市"建筑与规划方案充分利用率空气动力学和结构功能体系的原理，将塔楼设想成脊柱，其上部是肋状壳体，使压力和拉力能沿着后部脊柱直接分散到基础。其外壳呈金色的氧化铝，内部支撑结构是防水混凝土。虽然这一作品还停留在设想的阶段，但是这种构思对高层建筑设计理念具有很大的启发意义。

二、高层建筑技术的发展

在高层建筑领域，中国的建筑技术正处于国内领先到与国际接轨的发展阶段。在技术发展上，主要表现在高层钢结构成套制作安装技术、高强高性能混凝土技术、高层模架系统整体解决技术、钢—混凝土组合施工技术以及其他涉及质量、进度、安全等的总承包管理技术①。

（一）钢结构施工技术

钢结构因具有自重轻、强度高、工业化程度高等优点，在建筑工程中得到了广泛的应用。作为中国建筑的传统优势业务，钢结构施工承建了一大批标志性建筑，并在不断实践过程中，先后形成了6大领先技术，即高层钢结构安装技术、大跨度滑移技术、空间结构成套施工技术、大悬臂安装技术、整体提升技术和多角度全位

① 毛志兵. 高层与超高层建筑技术发展与研究[J]. 施工技术，2012，41(23).

置异种钢焊接技术。例如，CCTV 的主楼钢结构采用了电加热、半自动药芯焊丝 CO_2 气体保护焊等一系列焊接技术和手段，这为解决超重型钢构件加工、运输与吊装难题提供了可借鉴的方法。又如，广州西塔工程运用了“无缆风”施工技术，同时还通过对双夹板连接板进行临时固定的方法，由螺栓、连接板、耳板共同承受构件自重恒载、风荷载以及施工临时荷载，节约了工程成本，并减小了施工作业影响范围。

（二）高层建筑的混凝土技术

随着设计和施工水平的不断提高，高层建筑采用混凝土技术的形势发展良好，但是由于高层建筑层数多、工期长、结构工程量大，混凝土施工工作十分复杂，其中泵送高度的增加，使得泵送施工越来越困难。为了改善混凝土的可泵性，提高混凝土的耐久性，中国建筑对高性能混凝土及其泵送技术进行了大量的试验研究并发现，利用高效保塑减水剂可以“稀化”浆体，降低浆体的黏聚性，使混凝土处于饱和状态，进而实现提高混凝土可泵性的目的。从 20 世纪末开始采用一泵到顶的方法将混凝土泵送到高空浇筑地点，并且混凝土泵送高度一次又一次刷新。广州珠江新城西塔进行了 411m 的 C100 超高性能混凝土、C100 超高性能自密实混凝土的超高泵送。2011 年，由中建四局在深圳京基 100 大厦工程中创下 C120 超高性能混凝土超高泵送 417m 的新纪录。

（三）模架施工技术

随着钢结构安装技术和大型塔式起重机技术的发展和成熟，混凝土核心筒结构施工已成为高层建筑施工的主要环节。其中，模架的科学性、先进性是整个混凝土结构施工的关键性影响因素。整体提升钢平台体系特别适用于高层建筑核心筒体的钢筋混凝土结构施工。整体提升钢平台体系的优点是：工作条件良好，整体性较强且施工质量有保证；施工工艺简单，施工速度明显加快；安全性能高等。整体提升钢平台体系的缺点是：支撑材料的消耗量较大；体形的适用性较差。在建筑设计要求不断提高和功能需求变化加快的时代背景下，传统模架工艺严重制约了建筑需求，因此中国建筑从技术层面入手研制出了“超高层智能化整体顶升钢平台及可变模架体系”。这种模架体系经专家鉴定已达到国际领先水平，并将理论施工速度提高了 50%左右。

（四）钢—混凝土组合施工技术

钢—混凝土结构是一种非常合理的高层结构形式，它充分地利用了钢和混凝土的独有特性，在减小构件界面的同时提高了整体的工作性能和强度。钢—混凝土结构有多种形式，如钢管混凝土、型钢混凝土等。其中，钢管混凝土结构用圆形或多边形钢管内填充混凝土，形成柱和其他结构，是目前国内采用较多的一种类型。这一结构的主要代表建筑有：广州珠江新城西塔、深圳京基 100 大厦、和上海环球金融中心等。广州西塔外框筒由 30 根巨型钢管混凝土柱斜交组成，钢管直径由底部的 1800mm 逐步变化到顶部的 700mm，节点混凝土强度等级为 C90、C80，直段混凝土强度等级为 C80、C70；深圳京基 100 大厦建筑面积 230000m^2，钢结构工程量约 58000t，主楼为有支撑的框筒结构体系，外框共 16 根矩形钢管柱，最大截面尺寸 3.9m×2.7m，壁厚 30～70mm，柱内有横向和竖向肋板。

（五）总承包管理技术

为了确保高层建筑系统工程的顺利进行，就需要加强统筹管理的力度，以解决高层建筑工期长、组织难度大等问题。具体来讲，就是在特定的时间和空间约束条件下，结合高层建筑工程的施工特点，对资金、人力、材料、设备、施工方法等进行合理的规划，以实现有组织、有秩序的施工。

三、高层建筑结构新技术应用

目前，建筑行业得到了迅猛发展，并且多层及高层建筑的应用也越来越广泛。其中，各种不同类型的深基础施工工艺、施工技术随之出现，为满足其承载力需要和适应不同的地质条件的要求提供了技术支持。

（一）CFG 桩复合地基加固处理

CFG 桩复合地基是水泥粉煤灰碎石桩复合地基的简称，它是由 CFG 桩、桩间土和褥垫层一起构成的一种具有一定黏结强度的半刚性桩。CFG 桩的制作工艺主要是在充分搅和水泥、碎石、粉煤灰、砂和水的基础上，利用振动打桩机或在长螺旋钻管内泵送压成桩机具制成的。

近年来，在高层建筑中，已经开始普遍采用桩基。虽然效果良好，但是桩间土的承载力并没有得到充分发挥。例如，桩间上承载力较高，则桩基就会十分浪费。在这种情况下，如果采用复合地基，那么就可以减少布桩数量，同时也可以充分发挥桩间土的承载力。在施工过程中,CFG 桩的特点表现为:刚度大、强度高、施工周期短、造价低等。

目前土木工程设计师已习惯将复合地基与筏板基础、箱型基础等结合使用的方法应用于高层建筑中,并取得了良好的经济效益和社会效益。

CFG 桩复合地基具有十分明显的优势,因而在高层建筑结构类型和多种地质条件地层中得到了广泛的应用。具体而言,其主要优势如下:

(1)较强的是适应性,能用于任何建筑物的地基处理。

(2)成本相对较低,且检测费用较少。

(3)施工工艺简单、成熟,施工速度较快。

(4)与其他散体材料桩相比,CFG 桩的强度较高,能最大限度地提高地基承载力。

(二)CRS 减水剂在高层建筑中的应用

CRS 减水剂是树脂类减水剂,同时也是一种较理想的早强型减水剂。当掺量为水泥质量的 1.2%时,减水率为 20%,可提高早期强度 30%~40%,后期强度 10%~15%。

1. CRS 减水剂的作用机理

与其他减水剂一样,CRS 减水剂本身不具有提高混凝土强度的功能,但是对于改善混凝土性能却有良好作用,即通过改变水泥的水化过程和水泥石内部结构,从而影响混凝土的一系列物理力学性能。

CRS 的化学结构可以简写为 $R\text{-}SO_3Na$,其中 R 为氧茚-茚基团,它属于疏水基。当引入阳离子亲水基 $SO_3\text{-}Na^+$ 基团后,就生成这种易溶于水的化合物。

从结构上看,CRS 与萘系减水剂相同。萘系减水剂的萘环数是靠次甲基的联结而增加的,n 值控制在 8 以上,而 CRS 在制造树脂时,控制分子量为 600,n 值为 6~8,再经磺化制得的,因而具有较为稳定的化学性能。同时,CRS 也具备萘系减水剂的特性。

从制造工艺上看,CRS 减水剂是以古玛隆-苛树脂磺酸钠为主要成分的减水剂,其特性与三聚氰胺树脂磺酸盐相似,都有磺酸钠($-SO_3Na^+$)基团,并且都会对水泥水化的絮凝装结构产生较强的分散作用。所以又可以说,CRS 减水剂兼备有蜜胺系和萘系两类减水剂的特性。

2. CRS 减水剂的性能

CRS 减水剂的物化性能指标见表 7-3。CRS 减水剂的技术性能见表 7-4。

表 7-3　CRS 减水剂物化性能指标

	性质		性质
状态	粉剂	Na_2SO_4 含量(%)	≤20
水分(%)	≤1.0	细度(60 目筛筛余)	≤5%
pH 值	7.5～8.5	外观	亮黑色粉状晶体
水不溶物(%)	≤1.0	净浆流动度(mm)	≥220
含气量(%)	≤2.0		

表 7-4　CRS 减水剂的技术性能

水泥品种	配比(C∶S∶G,W/C)	水泥掺量(kg/m³)	外加剂	减水率(%)	维勃稠度(S)	抗压强度(MPa)	
						3d	28d
525	1∶1.44∶3.0,0.48	430	0	0	15	34.0	50.5
矿渣硅酸盐水	1∶1.44∶3.0,0.39	430		18	14	45.2	58.8
泥	1∶0.72∶3.58,0.39	360	1.0%CRS	18	18	32.8	48.6
525 普通硅	1∶1.44∶3.0,0.48	430	1.0%CRS	0	16	34.9	51.2
盐酸水泥	1∶1.44∶3.0,0.39	430	1.0%CRS	18	14	41.2	56.5

从表 7-3 中可以看出:第一,与普通水泥相比,CRS 减水剂对矿渣水泥的适应性更强,且增强效果也较好;第二,在减水率为 18%时,混凝土的 3d 强度可提高 30%以上,28d 强度可提高约 15%;第三,在强度保持不变的基础上,大约可以节约水泥 15%。

（三）强夯碎石桩法

强夯碎石桩属于强夯置换地基处理范畴，目的是提高地基的强度和刚度。具体而言，强夯碎石法首先要按照一定的纵横间距在场地上布置碎石桩位，其次要把夯坑底的碎石通过强夯的方法打入地下以形成碎石桩，最后再通过夯击桩间土，使之充分排水固结，形成复合地基。这是一种有效改善地基土性能的地基处理方法。

复合地基中桩柱体的加固作用相对复杂，但是有两点是被普遍认可的作用：

一是挤密作用。主要表现为对土质的改善，具体是在制桩过程中，利用对桩间土的侧向挤压作用、石灰桩的膨胀和吸水作用以及砂石桩的排水作用等来实现。

二是置换作用。即将一部分地基土置换或转变为具有高强度和刚度的桩柱体。其过程主要是利用排土、挤土或原位搅拌等方式，以提高地基整体强度和刚度。

由于桩柱体的材料和施工工艺存在差异，因而在复合地基中上述两种作用可以同时存在，但有主次之分。强夯碎石桩的桩体是以强夯机具和工艺造孔，并夯填碎石而形成的，具有无胶结强度、刚度与膨胀系数适中等特点，其刚度与膨胀系数介于土与柔性桩二者之间。在进行加固时，砂土中挤密作用成为主要作用，而置换作用次之；饱和黏性土中则是以置换作用为主，排水固结作用次之。

（四）高压喷射注浆法

高压喷射注浆法最早出现在日本。它的原理是采用钻孔，在预定的位置安装有特制合金喷嘴的注浆管，然后采用高压水射流切割技术将水或浆液通过喷嘴喷射出来，达到冲击破坏土体的目的。部分细小的土料随着浆液冒出水面，而剩余的其他土粒则在喷射流束的冲击力、离心力和重力等综合作用下，充分混合于浆液当中，并按照一定的比例重新进行有规律的排列。在浆液凝固之后，土内就会形成一个固结体与桩间土一起构成复合地基，以实现地基的加固。

高压喷射灌浆防渗和加固技术适用于软弱土层。实践证明，在桩基础因承载力不足的情况下，通过高压喷射注浆法可以对其进行加固处理，并且效果十分明显，质量也非常有保障。

高压喷射注浆法具有以下优点：

1. 适用的范围较广

旋喷注浆法所形成的固结体的质量明显提高，因而它不仅能够用于工程修建，而且还能够用于工程新建之前对地基的加固。其中，不损坏建筑物的上部结构和不影响运营使用的长处尤为突出。

2. 施工简便

例如，旋喷施工时，只需要在土层中钻一个小孔，孔径为 50mm 或 30mm，就可以形成直径为 0.4～4.0m 的固结体，因此可以在贴近已有建筑物的范围内完成新建筑物的建设。此外，可以在钻孔中间的任何部位成固结体，也可以在钻孔的全长成柱型固结体。

3. 可垂直喷射亦可倾斜和水平喷射

通常情况下，垂直喷射注浆主要应用在地面，而隧道、矿井工程和地下铁道建设中则较少采用，而使用较多的主要是倾斜和水平喷射注浆。

4. 有较好的耐久性

对于一些相对软弱的地基而言，如果在加固过程中能够具有稳定的加固效果且耐久性良好，那么就可以应用于永久性工程当中。

5. 固结体形状可以控制

在喷射过程中，通过对旋喷速度进行调节和提升、增减喷射压力或者是更换喷嘴孔径改变流量等，可以满足工程的需要。

高压喷射注浆法所形成的固结体形状与喷射流移动方向密切相关，一般有三种形式：定向喷射（简称定喷）、摆动喷射（简称摆喷）、旋转喷射（简称旋喷）。

6. 浆液集中，流失较少

由于喷射参数不适等原因，会有一小部分的浆液沿着管壁冒出地面，但是大部分的浆液主要在喷射流的破坏范围内聚集，在土中流窜地到很远地方的现象很少发生。

7. 无公害

在建筑施工时，机具不仅振动小，噪声低，不会给周围建筑物带来噪声、公害的影响，而且也不会产生污染水资源的问题。

此外，在高层建筑结构中，还应用了一些新型技术，如钻孔灌注桩、钢筋混凝土预制短柱加固软地基、碎石砂工艺和高活性矿渣微细粉等。

参考文献

[1]蔡峻.中国审美哲学对城市美学的启示[J].中州建设,2016(7):74－76.

[2]常识.建筑设计原理及设计方法研究[J].环球市场,2016(19):228－228.

[3]陈储君.试析现代高层建筑设计要点[J].环球市场,2016(9):201－201.

[4]陈佳俊.当代创意建筑外观与其人文内涵关系探索[J].大观,2017(11):90－92.

[5]陈力.建筑视觉造型元素设计创意分析[J].四川水泥,2017(11):91－91.

[6]成莉,梁杰.建筑创意设计研究[J].城市建设理论研究:电子版,2012(28):170－170.

[7]崔硕.高层建筑设计[J].新材料新装饰,2014(1):164－165.

[8]崔振武,张志明,傅一笑.建筑设计的理论基础及应用实践[M].北京:中国水利水电出版社,2016.

[9]邓智勇.建筑设计原理 16 讲[M].北京:中国建筑工业出版社,2014.

[10]范静怡.关于当代居住建筑设计人性化的研究[J].中国房地产业,2017(17):33－35.

[11]方果.餐饮空间设计与人的行为心理[J].建筑工程技术与设计,2015(4):46－49.

[12]冯刚,李严.建筑设计[M].南京:江苏人民出版社,2012.

[13]冯康曾,戴书健.从新视角设计绿色建筑[M].北京:中国建筑工业出版社,2013.

[14]龚牡丹.高层建筑设计原理[J].工业 C,2016(6):79－81.

[15]顾大庆.建筑设计入门[M].北京:中国建筑工业出版社,2010.

[16]郭成凡,张小娜.以人为本理念下的居住建筑设计[J].城市建设理论研究:电子版,2015(3):112－113.

[17]韩贵红,吴巍.建筑创意设计[M].北京:化学工业出版社,2010.

[18]韩笑.建筑设计构思草图的探讨与应用[J].科技经济导刊,2016(34):29—32.
[19]胡明华.餐饮建筑空间对地域性文化的探析[J].美与时代:城市,2017(2):47—49.
[20]胡越.建筑设计流程的转变[M].北京:中国建筑工业出版社,2012.
[21]黄宝鑫.现代建筑工程的设计风格和创意[J].科技尚品,2017(8):32—33.
[22]黄维.生态建筑设计原理和设计方法[J].四川水泥,2016(3):148—150.
[23]吉沃尼.建筑设计和城市设计中的气候因素[M].北京:中国建筑工业出版社,2011.
[24]简·安德森.建筑设计[M].梁晶晶,译.北京:中国青年出版社,2015.
[25]姜日红.在建筑设计中运用创意的思考[J].科学技术创新,2016(9):103—103.
[26]卡尔斯·布鲁托,谭海玲.新概念数字化建筑设计[M].南京:江苏科学技术出版社,2013.
[27]拉尔夫·汉曼,等.创意建筑工程设计[M].武汉:华中科技大学出版社,2016.
[28]黎志涛.建筑设计方法[M].北京:中国建筑工业出版社,2010.
[29]李继业,陈树林,刘秉禄.绿色建筑节能设计[M].北京:化学工业出版社,2016.
[30]李继业,刘经强,郗忠梅.绿色建筑设计[M].北京:化学工业出版社,2015.
[31]李振煜,赵文瑾.餐饮空间设计[M].北京:北京大学出版社,2014.
[32]李志强.建筑节能及其在建筑设计中的应用[J].科技信息,2011(7):170—170.
[33]梁锦锋,钱德宏.餐饮文化与建筑设计的关系研究[J].工程建设与设计,2014(5):100—102.
[34]刘存发,凤凰空间.绿色建筑设计策略与实践[M].南京:江苏凤凰科学技术出版社,2014.
[35]刘存发.建筑设计模型[M].天津:天津大学出版社,2012.
[36]刘经强,田洪臣,赵恩西.绿色建筑设计概论[M].北京:化学工业出版社,2016.

[37]刘顺彬. 谈论高层建筑美学价值分析[J]. 工程技术：全文版，2017(1)：67—67.
[38]刘显山. 关于建筑的风格设计与特殊创意的论述[J]. 科学与财富，2017(7)：48—49.
[39]刘雪峰. 高层建筑设计的影响因素及设计原理[J]. 精品，2016(4)：120—133.
[40]刘柱. 基于低碳理念下的居住建筑设计策略研究[J]. 农村经济与科技，2016，27(15)：90—92.
[41]刘缵冉. 居住建筑结构设计常遇到的问题分析[J]. 工程技术：全文版，2016(7)：164—165.
[42]吕慧子. 建筑视觉造型元素设计创意探析[J]. 中国建材科技，2016，25(3)：170—171.
[43]吕爽. 论灯光在餐饮空间的应用[J]. 建筑工程技术与设计，2016(28)：105—108.
[44]罗伊特. 建筑设计方法论[M]冯纪忠，杨公侠，译. 北京：中国建筑工业出版社，2012.
[45]满运志. 浅谈城市美学在城市设计中的应用[J]. 工程技术：全文版，2016(6)：35—36.
[46]彭松. 浅谈我国高层建筑结构设计[J]. 工业，2016(8)：129—131.
[47]彭亚军. 试分析建筑设计的创意表现[J]. 建材与装饰，2017(36)：128—129.
[48]平龙. 建筑设计[M]. 沈阳：辽宁美术出版社，2014.
[49]曲翠松. 建筑节能技术与建筑设计[M]. 北京：中国电力出版社，2016.
[50]邵书乡. 浅谈餐饮主题空间设计[J]. 江西建材，2015(7)：164—165.
[51]苏茂琦. 高层建筑结构选型与建筑美学[J]. 低碳地产，2016，2(13)：47—49.
[52]粟庆. 基于数字化技术的建筑设计构思与表达[J]. 建筑工程技术与设计，2016(31)：35—36.
[53]孙明，李琳琳，卢玫珺. 建筑设计原理及应用实践[M]. 北京：中国水利水电出版社，2016.
[54]孙曦. 建筑创意之体——概念设计模式[J]. 中外建筑，2017(9)：32—33.
[55]万书言. 建筑创意设计研究[J]. 世界家苑，2012(5)：79—81.

[56]汪晶晶.餐饮建筑的地域性研究与表达[D].昆明:昆明理工大学,2015.
[57]王保军.浅谈建筑视觉造型中的元素设计创意[J].魅力中国,2017(6):118－120.
[58]王利华.基于高层建筑设计原理与方法的思考[J].建筑工程技术与设计,2016(31):105－108.
[59]王玉强.刍议高层建筑设计原理[J].工程技术:全文版,2017(1) :42－44.
[60]王振文.建筑设计中的逻辑思维现象及应用研究[M].昆明:昆明理工大学,2012.
[61]吴昌亮.建筑节能在居住建筑设计中的应用[J].建筑与文化,2015(7):170－170.
[62]吴薇.中外建筑史[M].北京:北京大学出版社,2014.
[63]伍昌友.建筑设计构思与创意分析[M].南京:东南大学出版社,2013.
[64]熊雅芳.生态建筑设计原理及设计方法研究[J].工程技术:引文版,2016(5):118－120.
[65]许栋.高层居住建筑设计中的低碳设计理念探析[J].工程技术:全文版,2017(2):165－165.
[66]许紫薇.由南北建筑浅析建筑设计原理[J].山海经:故事,2016(7):9－12.
[67]薛淞涛.生态建筑设计原理及设计方法研究[J].环球市场,2017(5):90－92.
[68]杨丽.绿色建筑设计[M].上海:同济大学出版社,2014.
[69]于永顺,刘彦初.人文视角的城市美学思考[J].辽宁师范大学学报(社会科学版),2016,39(1):91－95.
[70]禹凯耀.建筑设计构思的创新[J].科技研究,2014(6):22－23.
[71]张光云,王国强.住宅建筑与室内一体化设计策略研究[J].装饰装修天地,2017(23):36－38.
[72]张芮.建筑设计实践的智慧化:开放、共享、适应、变化[M].北京:科学出版社,2016.
[73]张素萍.试论绿色建筑设计[J].低碳世界,2016(1):115－116.
[74]张伟,刘俊,汪洋等.建筑创意与结构智慧[J].建筑技艺,2016(9):90－92.

[75]张文静.对建筑设计中节能建筑设计的分析[J].科技创业家,2012(22):117－120.
[76]张翕.浅谈公共建筑设计原理及应用[J].工程技术:全文版,2016(2):232－233.
[77]赵雨健,金雅庆,田宸.建筑设计创意表现与实践[J].智能城市,2016(12):8－9.
[78]赵雨健,金雅庆,王苗佳,等.浅析建筑设计创意表现[J].智能城市,2017(1):5－6.
[79]周鲁然.浅析竹质材料在室内设计中的应用[J].绿色环保建材,2017(10):98－100.
[80]周鲁然.居住建筑设计中绿色可持续发展策略[J].建材与装饰,2017(47):8－9.